电子大脑
——计算机和机器人99

主　　编　中国科普作家协会少儿专业委员会
执行主编　郑延慧
作　　者　刘兴良　王荣凤　季俊蘅
插图作者　吴文渊

广西科学技术出版社

图书在版编目（CIP）数据

电子大脑：计算机和机器人99/刘兴良，王荣凤等著.
—南宁：广西科学技术出版社，2012.8（2020.6 重印）
　（科学系列99丛书）
　ISBN 978-7-80619-986-2

　Ⅰ．①电… Ⅱ．①刘… ②王… Ⅲ．①电子计算机—
青年读物 ②电子计算机—少年读物 ③机器人—青年读物
④机器人—少年读物 Ⅳ．① TP3-49 ② TP242-49

　中国版本图书馆 CIP 数据核字（2012）第 190619 号

科学系列99丛书

电子大脑
　　——计算机和机器人99
DIANZI DANAO——JISUANJI HE JIQIREN 99
刘兴良　　王荣凤　季俊蘅　主编

责任编辑 黎志海		**封面设计** 叁壹明道	
责任校对 李文宇		**责任印制** 韦文印	

出 版 人　卢培钊
出版发行　广西科学技术出版社
　　　　　　（南宁市东葛路66号　邮政编码530023）
印　　刷　永清县晔盛亚胶印有限公司
　　　　　　（永清县工业区大良村西部　邮政编码065600）
开　　本　700mm×950mm　1/16
印　　张　12
字　　数　155千字
版次印次　2020 年 6 月第 1 版第 4 次
书　　号　ISBN 978-7-80619-986-2
定　　价　23.80 元

本书如有倒装缺页等问题，请与出版社联系调换。

少年科学文库

致二十一世纪的主人

钱三强

时代的航船已进入 21 世纪，在这时期，对我们中华民族的前途命运，是个关键的历史时期。现在 10 岁左右的少年儿童，到那时就是驾驭航船的主人，他们肩负着特殊的历史使命。为此，我们现在的成年人都应多为他们着想，为把他们造就成 21 世纪的优秀人才多尽一份心，多出一份力。人才成长，除了主观因素，在客观上也需要各种物质的和精神的条件，其中，能否源源不断地为他们提供优质图书，对于少年儿童，在某种意义上说，是一个关键性条件。经验告诉我们，一本好书往往可以造就一个人，而一本坏书则可以毁掉一个人。我几乎天天盼着出版界利用社会主义的出版阵地，为我们 21 世纪的主人多出好书。广西科学技术出版社在这方面做出了令人欣喜的贡献。他们特邀我国科普创作界的一批著名科普作家，编辑出版了大型系列化自然科学普及读物——《少年科学文库》。《少年科学文库》分"科学知识""科技发展史"和"科学文艺"三大类，约计 100 种。《少年科学文库》除了反映基础学科的知识外，还深入浅出地全面介绍当今世界最新的科学技术成就，充分体现了 20 世纪 90 年代科技发展的前沿水平。现在科普读物已有不少，而《少年科学文库》这批读物特具魅力，主要表现在观点新、题材新、角度新和手法新，内容丰富，覆盖面广，插图精美，形式活泼，语言流畅，通俗易懂，富于科学性、可读性、趣味性。因此，说《少年科学文库》是开启科技知识宝库的钥匙，缔造 21 世纪人才的摇

篮,并不夸张。《少年科学文库》将成为中国少年朋友增长知识、发展智慧、促进成长的亲密朋友。

亲爱的少年朋友们,当你们走上工作岗位的时候,呈现在你们面前的将是一个繁花似锦的、具有高度文明的时代,也是科学技术高度发达的崭新时代。现代科学技术发展速度之快,规模之大,对人类社会的生产和生活产生的影响之深,都是过去无法比拟的。我们的少年朋友要想胜任驾驭时代航船,就必须从现在起努力学习科学,增长知识,扩大眼界,认识社会和自然发展的客观规律,为建设有中国特色的社会主义而艰苦奋斗。

我真诚地相信,在这方面《少年科学文库》将会对你们提供十分有益的帮助,同时我衷心地希望,你们一定为当好21世纪的主人,知难而进,锲而不舍,从书本、从实践吸取现代科学知识的营养,使自己的视野更开阔,思想更活跃,思路更敏捷,更加聪明能干,将来成长为杰出的人才和科学巨匠,为中华民族的科学技术实现划时代的崛起,为中国迈入世界科技先进强国之林而奋斗。

亲爱的少年朋友,祝愿你们奔向21世纪的航程充满闪光的成功之标。

前　言

　　人人喜欢读书，人人喜欢听故事。我们在这本书里讲述了许许多多有趣的故事，是从计算机和机器人技术领域中精选出来的、真实的科学故事。

　　从书中可以读到：发明电子管、晶体管、印刷电路板、各种计算机、各种机器人的故事；可以看到：许许多多发明家走过的曲折的道路，他们经过千辛万苦的努力，所获得的成果对人类社会的进步和科学技术的发展带来的巨大影响，也给人类带来了光明和幸福。

　　从书中可以读到："计算机之父"巴贝奇、电子数字计算机发明家阿塔纳索夫、"电子数字计算机之父"诺伊曼、第一台通用电子数字计算机发明者莫奇利和埃克脱、巨型计算机设计专家克雷、中国银河巨型计算机缔造者慈云桂、五笔字型输入法发明者王永民、"计算机科学之父"图灵、电脑奇才比尔·盖茨、"工业机器人之父"英格伯格等在计算机和机器人诞生和发展中发生的动人的故事，展现出他们在科学技术发展史上所留下的足迹。

　　在这些真实的故事和事迹中，虽然没有像武打和战争故事那么跃马扬刀、冲锋陷阵而令人胸怀激烈，但也会使人豪气满怀；虽然没有像小说那样悲欢离合、变化莫测而令人大悲大喜，但也是感人至深；虽然没有像科幻小说那样光怪离奇、上天入地而高深莫测，但也能让人得到启迪，甚至是掩卷沉思。

　　当然，我们这本书是讲科学故事，除了揭示科学家和技术人员的苦心探索、大胆创造、执着追求、顽强进取和献身精神，同时也讲述了计算机和机器人孕育、诞生和发展的主要历程，以及这两大技术领域的某些基础知识。比如，古代的算盘是怎么发展到现代智能计算机的；由最初占地几间房子的庞大计算机是如何发展到可以拿在手中，带在身上的微型电脑（而功能成倍提高，价格一降再降）；机器偶人是如何发展成能以假乱真，代替人完成复杂工作的智能机器的，等等。涉及有关与计算机和机器人的基本知识，比如从电子管工作原理到二进制基本概念，从"运动自由度"到自主型智能机器人，等等，都作了浅显和通俗的说明和讲解。我们希望（也相信），读者在轻松地读完每个故事之后，能学到一些知识，得到某些启迪。

计算机是当今社会人们已完全离不开的一种设备和工具，它能扩展人的大脑功能，它对人类社会发展、科技进步产生了巨大的推动作用。它制造出无数的奇迹，给人们带来了方便、快乐、惊奇和憧憬。机器人是当今世界上一种神奇的自动化智能化机器，是可以延伸人的脑力和体力劳动的一种设备和工具，它已成为人类的铁伙伴，给人们带来了帮助、效益、振奋和希望。人类创造并发展了计算机和机器人，它们反过来又促进了人类的解放，促进了社会和科技进步，使人类生活方式发生了翻天覆地的变化。可以相信，明天，计算机和机器人，在科学技术领域的地位更加重要，在社会中的作用更大，在人们心目中的形象更加绚丽。明天将会是神话一般的世界，但那不是靠"上帝"和他人的恩赐，是需要我们去追求和创造，把梦想变成现实。我们需要借鉴历史的经验和先人的启发，发挥我们的聪明才智，创造出更美妙的世界。这不仅需要我们要有科学知识，更需要有爱科学的心境，有追求、探索、奋斗和献身的精神。我们要以先辈们为榜样，但要超过他们，肯定会超过他们。未来的世界属于我们的青少年。我们写这本书的目的，就是想能为青少年朋友提供一点帮助。

我们对青少年朋友的期望是美好的，我们对这本书应起的作用也是有美好的期望的。但是，正像有人所说的那样，"待到写文章时才知自己的笔秃"，本书书稿虽然按主编、责任编辑、编辑同志几次提出的修改意见和要求，经几次大修大改后，又经主编、责任编辑逐字逐句反复推敲，才变成今天这个样子。虽然不敢肯定说使读者朋友能够满意，但我们是尽了心力的，并且认为，朋友们读了这本书，不会白白浪费你的宝贵时间。是不是能够这样，只有等待出版后由读者朋友来说了。在此，我们要向给本书书稿提出宝贵意见，进行修改的同志，以及为本书出版做了大量工作的同志表示深深的谢意。同时，也向那些将来对本书提出批评指正的朋友，预先表示真诚的感谢。

目　录

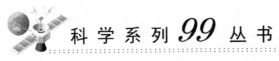

科 学 系 列 *99* 丛 书

1 帕斯卡为父搞发明

——第一台机械计算机

现代计算机可以进行科学计算、工程设计、经营管理、控制操作、输入排版等很多方面的工作，已是社会发展中不可缺少和无可替代的最重要的通用工具。

在现代计算机问世之前，计算机的发展经历了机械式计算机、机电

帕斯卡

1

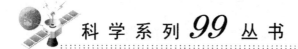

式计算机和萌芽期电子计算机三个阶段。

早在17世纪，欧洲就有一批数学家尝试着设计和制造能进行基本运算的数字计算机。

法国数学家帕斯卡就是其中的一个。

帕斯卡1623年生于法国克莱蒙费朗。他的父亲是搞税务工作的，每天晚上都要算账，一遍又一遍，偶尔出了差错，还要从头算起。父亲算账时，小帕斯卡常常坐在旁边看着。小帕斯卡总是想，若是能有一架机器代替父亲算账，那该多好！

1640年，帕斯卡的父亲出任诺曼底地区税务专员，工作更多了。有时候帕斯卡也帮助父亲做计算统计工作，为了减轻父亲的工作负担，帕斯卡决心研制出一种计算机。经过两年的实验，1642年，第一台采用十进制的机械式计算机——帕斯卡计算机制造成功了。

这台计算机虽然只能做加减法，但是这项发明在当时具有重大的意义。帕斯卡开辟了利用机器进行自动计算的道路。

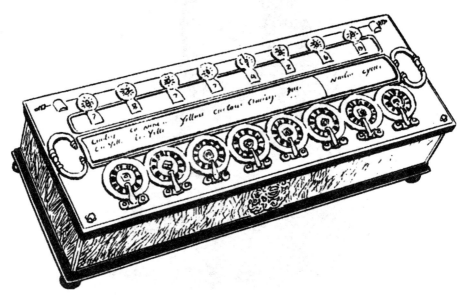

帕斯卡计算机

帕斯卡的计算机外形是一个大盒子，里面装有很多与钟表类似的齿轮传动装置，每个轮子上刻有从0～9十个数字，每个轮分别代表个位、十位、百位、千位、万位……做加法运算时，按照被加的每位数字，用手拨动对应位数的齿轮，之后再拨动加数，于是读数窗口上就显示出和数。如果是做减法，输入减数，向相反的方向拨动齿轮，就可以得到差数。

帕斯卡计算机发明30年之后，1673年，德国数学家莱布尼茨改进了帕斯卡计算机，使其能够直接进行十进制的乘除运算。

2 莱布尼茨与八卦图

——二进制的诞生及其在计算机中的应用

现在的电脑都是采用二进制运算规则。二进制是以0和1为基本单位，0表示无，1表示有，且为1。二进制的进位规则是逢2进1，也就是1加1等于高一位的1。

为什么在电脑中要用二进制呢？这是因为二进制的算术运算是最简单的一种，如$1+0=1$，$1+1=10$（这里10表示高位是1，低位是0，相当于我们常用的十进制中的2），$1\times0=0$，$1\times1=1$。另外，二进制中的0和1这两种基本量，可以很容易用电子元件表示出来，如开和关、高"电位"和低"电位"、有电和无电等。而且，二进制还可以很容易和"逻辑运算"统一起来，逻辑运算是电脑中很重要的一种功能。

好，现在来讲"发明"二进制的故事吧。二进制是由德国大科学家莱布尼茨发明的。

莱布尼茨1646年生于德国莱比锡，父亲是大学教授，在莱布尼茨

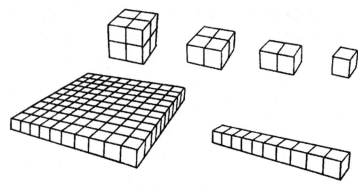

二进制与十进制

6岁时就去世了，但是却留下了丰富的藏书。他母亲也是出身于教授家庭。父亲去世后，年轻的母亲就担负起家庭生活和教育儿子的重担。可喜的是，莱布尼茨后来成为大数学家、外交官，成为了当时的风云人物。

莱布尼茨听到帕斯卡发明了齿轮结构机械式加减法计算机，还特地去参观，回来之后，他对帕斯卡计算机进行了改进，提出不用连续相加而实现乘法。原来的帕斯卡计算机只能做加减法，如果做乘法，很复杂，比如某个数乘300，就需要把手柄旋转300次。莱布尼茨设计的机器简单得多，如某个数乘300，只需要在百位上把这个数反复旋转3次就完成了。这比帕斯卡的方法简便快捷多了。1672年，他演示了这种可以进行乘法的计算机模型，1694年才完成试制品，但仍然不好用。尽管如此，莱布尼茨的改革为进一步提高机械式计算机的性能创造了条件。

莱布尼茨在计算机发展史上第二个有意义的贡献是发明了二进制的运算规则。他是第一位认识到二进制记数法重要性的科学家。1701年，他把多年研究出来的二进制数表送交法国科学院。二进制运算规则的发明，为后来计算机的发展奠定了基础。

莱布尼茨在完善二进制运算规则中还受到了中国八卦的影响和启发呢。原来，法国有一位很有数学才能的传教士，叫白晋，在中国清廷当教师。他发现莱布尼茨的二进制数表和中国的八卦图有相似之处，他认为易经中的六爻就是二进制最早的体现，于是把伏羲六十四卦图寄给了莱布尼茨。莱布尼茨见到后大为惊讶，欣喜异常。他万万没想到，他的二进制，在远古时候的中国已经出现了。他用二进制来解释八卦图：把八卦图中的阴看成0，把阳看成1，再采用逢2进1的规则，就很好理解八卦图了。他高兴地说："几千年来不能很好理解的奥妙，由我理解了，应该让我加入中国国籍了吧！"

八卦图

　　1703年，莱布尼茨把修改的论文《关于仅用0与1两个记号的二进制算术的说明并附有其应用以及关于据此解释中国古代伏羲图的探讨》寄给了巴黎科学院院长毕纽恩。10天后，他以同样激动的心情给伦敦皇家学会发信，报告了这一发现及其重要意义。

　　莱布尼茨的计算机及发明的二进制运算规则，在计算机发展长河中占有重要的地位，奠定了计算机的理论基础。

3　伟大的失败

——巴贝奇差分机

　　巴贝奇1792年生于英国德文郡，父亲是大银行家。他小的时候受过良好的教育，是在安乐窝中长大的。小巴贝奇多病，身体羸弱，但好奇心强烈，富于创造精神。有一次，为了证明是不是真有魔鬼，竟把自己的手指割破，在地上画个圆圈，并倒念祈祷歌，向魔鬼"挑战"，看它能怎样！

巴贝奇年轻时就表现出数学才能。18岁在剑桥大学学习时发现英国1766年编定的航海表中错误很多。航海表是航海人员用来确定自己的船只在海洋中位置的数字表格。航海表有错误，会影响航海船只的正确定位。他向天文学会提出意见，说这是个极其严重的问题。

一天晚上，巴贝奇最亲密的朋友哈希尔带来一个消息说天文学会要他帮助计算航海表。巴贝奇认为应当用计算机代替人干这种繁重的计算，还能减少差错，他说："这样的计算不妨让机器去进行。"

哈希尔同意地说："这不是不可能的事情。"

从此，巴贝奇就构思"能计算、能够打出对数表的机器"。1822年，他向皇家天文学会宣布，他要制造会计算多项式的差分机。原来，当时编制数学表计算多项式时，可以利用多项式的差分规律进行计算，所以这种计算机取名差分机。1822年，他制成了一台小型的差分机，这是一台专用的加法机，可以自动完成8位数的加法运算，而不像以前的计算机那样要人一道一道地用手操作。用它计算一些表格取得了初步的成功。为了能用来计算天文学和导航方面的数学表，巴贝奇设想制造一台可以达到20位数的大型差分机。

巴贝奇

巴贝奇给当时最有权威的皇家学院院长写信，请求支持，并给予资助。他向英国政府申请资金，政府答应给予拨款，并对他的工作寄予了很大希望，在他家旁边的空地上盖起了防火工作间，让他进行实验。

按照计划，巴贝奇应当在三年内完成计算机的制造。但是，这位巴贝奇先后画了几百张图纸，用了10年时间，花去政府1.7万英镑拨款

（相当于现在百万英镑），也花去了他从父亲那里继承的大笔遗产，而这台设想中的差分机仍没有制造出来。因为他不断地想出新的主意，不断修改设计方案，也常常返回去重新加工各种零件。再加上经费缺乏，使得样机迟迟制造不出来，对差分机感兴趣的人们对它的热情逐渐消失了，雇用的工匠和助手因发不出工钱都离他而去。1832年工作停顿了下来。1842年英国首相宣布废除这项合同，停止了资助。次年，巴贝奇的差分机中的一些部件和图纸送到伦敦皇家学院博物馆保存。

巴贝奇没有造出大型差分机，并不能说仅仅是由于当时技术条件限制所造成的。和他同时代的瑞典人塞尤茨，改进了巴贝奇的设计，在瑞典科学院资助下，只用了两年时间就造出了一台差分机，该机在1855年巴黎展览会上获得了金奖。巴贝奇制造差分机是失败了，但他却第一个设计了能自动完成整个运算过程的计算机，也就是自动计算机。这蕴涵了现代计算机中"程序设计"的思想。他自己也走上了发展更完善的计算机的道路，继续谱写计算机史上光辉的一页。

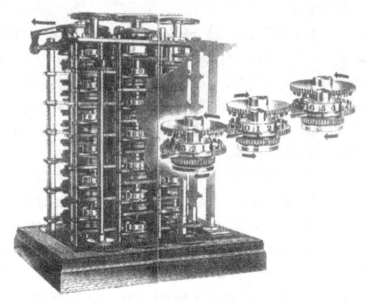

巴贝奇的差分机

4 现代计算机的雏形

——巴贝奇分析机

巴贝奇在1834年设计出可以进行各种计算、解各种数学问题的计算机。巴贝奇把这种计算机叫做分析机（也可称解析机）。他对这种计算机的设计信心十足，万分惊喜，说全部算术都在这个计算装置的掌握之中。

巴贝奇设想的分析机是一种机械式的计算装置，但它的结构、设计思想都已把现代电子计算机的结构、设计思想提了出来，可以说是现代通用计算机的雏形。

它有三个主要部分：第一部分是保存数据的存储库，巴贝奇称它为"堆栈"，它是由许多排轮子组成的，能存50位的数字1000个。第二部分是运算装置，它从存储库中取出数据，对这些数据进行运算，巴贝奇把这部分称为"工场"，它是由很多轴和齿轮构成的。第三部分是对操作顺序进行控制，并能选择所需要处理的数据以及输出结果的装置，它相当于现代计算机的控制器。

我们可以认为，巴贝奇设计的分析机第一次把程序控制思想引入了计算机。程序控制简单地说，就是计算机可以按照事先编好的一段程序控制操作，达到需要的结果。巴贝奇的分析机的程序控制设想是，采用穿孔卡把指令存到存储库中，机器按设计人员输入的"指令"，根据卡片上孔的图形确定该执行什么"指令"，并自动地进行运算。巴贝奇的这一设计是受穿孔卡编织机的启发而想出来的。巴贝奇把程序控制引入计算机，在计算机上采用穿孔卡，使计算机的发展发生了一次飞跃。以后的多种数字计算机、制表机的自动控制都采用了这种穿孔卡。

为了制造分析机，巴贝奇放弃了名誉和地位，全力以赴，把分析机当成自己的生命。他是剑桥大学卢卡斯讲座的数学教授，在这个讲座上讲课的都是著名的大数学家，其中第一位教授是巴罗，第二位教授就是牛顿。而巴贝奇为了研究制造计算机，没有时间和精力上讲坛。据一本书上记载，他在剑桥任教 11 年之久，却没有时间讲过一次课。1839年，他辞去了值得骄傲的数学教授职务，放弃了所有其他课题，一心一意地研制他的分析机。

由于政府对他的建议没有做任何答复，巴贝奇只得用自己的钱去雇用制图工和制作工。而他为这台机器曾设计了 30 种方案，有几万个零件，其中许多零件都是他用自己的财产去购置黄铜、钢材、发条等器材，再雇用工人靠一些简单的机器去制造、加工、安装那些螺丝、计算环、轴和齿轮等。由于零件太多，花了很多钱，也费了好长的时间，同时也把从父亲手中继承的大笔家产用掉了。

巴贝奇为这种计算机奋斗了终生。他耗尽了全部精力，日思夜想，弄得形容枯槁，憔悴不堪。他的朋友为他担心，说这个机器会夺去他的生命。

遗憾的是，由于当时的技术水平和工艺设备无法实现巴贝奇的构想，再加上当时社会生产力的发展水平对这样先进的计算机并不迫切需要，所以，直到巴贝奇 1871 年 79 岁逝世时，分析机也没有制造出来。100 多年之后，才出现了巴贝奇所设想的并为之奋斗了 40 年的程序控制计算机。

5　弗莱明巧用爱迪生效应

——第一只真空二极管

1883 年，美国发明家爱迪生突发奇想，如果在灯泡中再加一根铜丝，是不是会延长灯泡的寿命呢？

实验中发现，当灯泡中的碳丝通过电流加热后，碳丝旁边的铜丝中有微弱的电流。真奇怪，在真空中还会有电流"飞过"？爱迪生没有深入研究这一现象，也没有意识到这一现象会有实际作用。但是爱迪生是一位对一切异常现象高度敏感的发明家，他为这一发现申请了专利，称之为爱迪生效应。

这时有一位叫弗莱明的人在爱迪生灯泡公司当顾问。1884 年他到美国与爱迪生会晤，他说，灯泡在加热的过程中，碳丝和铜丝之间可能产生了电子流动，碳丝和铜丝就像两个极板一样。在电学上，电器上的电流流入的一端和流出的一端，都称为极板。但是弗莱明的分析未能引起负有盛名的大发明家爱迪生的兴趣。其实，弗莱明是一位很有造诣的美国物理学家，早年在英国剑桥大学学习，结业后在最著名的卡文迪什实验室工作过。

1904 年，弗莱明在马可尼无线电报公司任顾问，他要解决无线电报机中的粉末检波器容易出故障的问题。

检波器就是把交流电信号变成直流电信号的器件，因为接受到的无线电波是高频交流电信号，要用检波器使之变成慢变化的直流电信号。

弗莱明想到了可用爱迪生效应制成另一种检波器。于是他在灯泡的灯丝旁边又装上一个金属板。他想，在很细的灯丝上加负电压，在金属板上加正电压时，灯丝会发射出自由电子，而旁边的金属板很宽阔，会把发射出的自由电子捕捉到，这样金属板就会有电流流过了。当外加的电信号改变方向时，金属板加负电压，自由电子跑出来，但灯丝很细，捕捉不到电子，就没有电流流过。这样就会把交流电信号变成直流电信号了。

弗莱明就这样发明了世界上第一只真空二极管，二极管中的灯丝叫阴极，金属薄板叫阳极。

后来，美国的德福雷斯特，在弗莱明真空二极管的基础上，又在管子里加了一个极板，发明了真空三极管。这些真空管又都叫做电子管。电子管是制造第一代电子数字计算机的主要元件。第一台电子计算机"埃尼阿克"里面，就用了18000个电子管。

没有电子管，就不会有电子计算机的诞生！因为在电子计算机诞生之前，计算机采用的是机械元件或机电元件，计算机不但体积大，而且运算速度慢，工作不可靠，精度不高，满足不了进行复杂、大量计算的需要。有了由电子管为主要元件的电子计算机，计算机从此迈入电子时代，使科学技术发生了巨变。

电子管是制造第一代电子计算机最重要的元件，所以它被人们称为电子计算机的"心脏"。

6 空中帝国的王冠

——第一只真空三极管

第一台电子计算机问世时，其运算速度比以前的机械计算机速度快了上千倍，这就使它显示出无比的优越性，使它后来出现了日新月异的发展。第一台电子计算机有如此惊人之变化，是因为它采用了电子管线路。它的电子线路是用真空管构成的。真空管是第一台电子计算机中最关键的元件。真空管中最重要的三极管的发明，还有着一段很有趣的故事呢。

真空三极管是由德福雷斯特发明的。

德福雷斯特1873年生于美国。当英国的弗莱明在美国热心研究发明检波器时，这位年龄在三十上下的德福雷斯特也在全心全意地研究改进他的检波器。他的生活很困难，没钱买耳机，实验时只好一只手拿着单耳听筒，一只手调检波器。他已经研究好久了，都没有取得成功，这时，却传来了弗莱明发明了检波二极管取代金属粉末检波器的消息。德福雷斯特看到弗莱明成功了，而自己多年的努力却成为泡影，怎么办呢？

德福雷斯特想，决不能半途而废。他也制造了几个真空管，而且对它进行了改进，对真空管引入了第三个极。实验时他发现，如果在第三个极上加很小的电流，就可以改变阴极和阳极电流的大小。他预感到这是一个非同小可的发现，将会具有惊人的价值，他继续实验，最后把第三极改成网状金属丝，第三极也被称为栅极。1906年，他发明了世界上第一个真空三极管。

为了进一步做实验，他去一家大公司想请求资助，但他不修边幅，衣着不整，门房以为他是行为不轨的人。德福雷斯特虽百般解释也无济于事，他只好拿出自己的三极管来说明。门房反而更认准了他是个骗子，就报告了经理。经理不分青红皂白，出来就叫警察把他带到警察局去了。没过几天，法庭开庭审判他。一名法官手里拿着德福雷斯特的三极管，对他说："有人控告你用这种莫名其妙的玩意儿行骗。"

德福雷斯特面色憔悴，但却毫不畏惧地自我辩护说："这是我发明的三极管，它不是骗人的玩意儿，它可以把大西洋彼岸传来的很微弱的电磁波放大。"他充满信心地说："历史必将证明，我发明了空中帝国的王冠。"

德福雷斯特把无线电称为空中帝国，把真空三极管看成是空中帝国的王冠。后来由于控告不能成立，法庭只好宣布无罪释放德福雷斯特。没想到正是这场无中生有的官司，却使德福雷斯特的发明出了名，1906年他获得了美国专利。

德福雷斯特发明的真空三极管又称奥迪恩管。由于当时制作的技术水平不高，所以真空度很低，工作性能很不稳定，在实际应用中进展缓慢。直到1912年，高真空三极管研制成功，真空三极管才开始有实用价值。真空管后来成为无线电通信、电话、控制线路，特别是电子计算机中的关键元件。

7 霍勒里斯的制表格机

——第一台有实用价值的卡片程序控制计算机

霍勒里斯，1860年生于美国纽约州布法罗市，是德国人后裔。1879年他从哥伦比亚大学矿学院毕业后，到国家统计局做统计工作。

当时的统计工作烦琐又费时，尤其是人口普查统计工作。1880年调查的数据，到1887年还没有统计完。

霍勒里斯在统计局工作一段时间后，认为应该用一种计算机来完成人口普查的制表自动化统计。他为了研究这种统计用的计算机，开办了一个专利事务所来维持生活，其他时间则专心研制计算机。他花了10年时间，终于在1890年研制成功了一种可用于记录人口普查统计资料的装置，叫制表格机。制表格机是利用穿孔卡片来实行自动化统计的。在人口普查登记的卡片上有很多调查项目，凡需要统计的项目，就在指定位置上穿个孔。进行统计时，把穿孔的卡片放到制表格机的压力器下

面，卡片下面有通电的水银杯子。如果卡片有孔，压力器会把一根金属棒压下来，通过卡片孔伸到水银杯中，形成回路，产生电信号，使计数器加1。如果卡片上没孔，金属棒就伸不到水银杯中，计数器就不计数。用这种方法，还可以使电路闭合，控制卡片分类盒的开合，实现了卡片的分类归档。

霍勒里斯的穿孔卡片制表格机，是第一台具有实用价值的卡片程序控制机。美国1890年人口普查工作就全部采用了他的制表格机进行统计。后来，奥地利、加拿大、俄国等国家的人口普查也都采用他的制表格机，速度得到了很大提高。

制表格机以后又经过改进和发展，成为可以自动统计记录的统计分析机。它更适合当时进行数量多的数据统计工作，由于仍是采用机械工

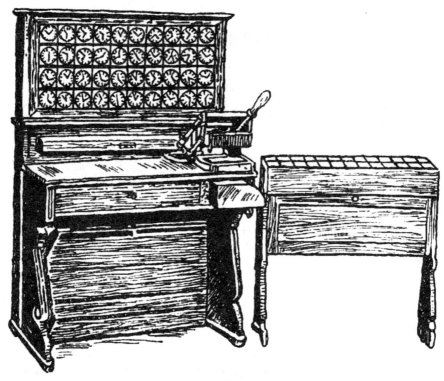

制表格机

作原理，所以速度远远达不到今天电子计算机的水平。

1896 年，霍勒里斯创办了制表格机公司生产这种机器。1914 年，这个公司与其他两家公司合并，1924 年改名为国际商业机器公司，就是现在闻名世界的 IBM 公司。

霍勒里斯是一位发明家，他发明的制表格机为计算机技术发展又写下了光辉的一页。他并不是全才，但是，他有自己的爱好和追求，并为之做了长期艰苦的奋斗，直到作出了巨大的贡献，发明了用计算机装置进行数据处理的机器。数据处理是利用计算机（器）收集数据、记录数据，并经过加工产生新的信息。这种技术是后来计算机最重要的一个内容。

8　诚实而有预见的沃森

——IBM 公司成功的领路人

由沃森所创立的 IBM 公司，即国际商业机器公司，是世界上最大的电子电器公司。IBM 计算机已遍及全世界，并且在计算机发展史上一直占据着最重要的地位，今天，几乎没人不知道 IBM。因此有人说，"计算机的发展史就是 IBM 的发展史"，虽然有点夸张，但还是有道理的。

1890 年，美国的霍勒里斯发明了制表格机，这种机器不但能进行计算，而且使计算装置能够进行数据处理。1896 年，霍勒里斯成立了一家公司，专门生产这种机器，这时，年方 22 岁的沃森来到这家公司担任总裁。

沃森 1874 年出生在纽约州的一个普通农民家庭，在西拉商学院毕

业以后就从事经营管理工作，他有气概，有雄心，为人诚实，受人尊重。

当时这个制表格机公司的规模还很小，但是沃森很有眼光，他看到了这个产品大有发展前途。于是他积极贷款，重视服务，强调推销，并在公司内部大胆采用了新的管理方法。他采用了西方世界很少见的终身雇佣制，这调动了雇员对公司的忠诚，也发扬了对工作的献身精神。他采用"开门政策"：雇员对公司有什么要求和意见，可以随时向最高领导反映。他为公司提出了"三个利益"经营方针：为了顾客的利益，为了员工的利益，为了股东的利益。这样就获得了三个方面的支持。于是，这个小公司很快就发展起来了。该公司 1914 年与其他两家公司合并。1924 年，扩大了规模，改名为国际商业机器公司，就是现在的IBM 公司。到 1935 年，IBM 的制表格机已占美国商品市场份额的85.7%；1945 年，第二次世界大战时，IBM 公司年销售额达 1.4 亿美元，成为实力雄厚的一个垄断企业。

沃森本人虽然在计算机方面没有什么发明创造，但是由于他具有过人的胆识和精明的预见，所以他创立的 IBM 公司为计算机的发展作出了巨大的贡献。第一台通用自动继电器计算机就是 IBM 公司投资百万美元，历时 5 年研制成功的，而研制者艾肯当时只是哈佛大学年轻的博士生，但是沃森凭着他的直觉与敏感，认为这一设计对计算机发展有促进，就大胆地投巨资支持，使艾肯的设计得以成功，成为 IBM 的重要产品之一。

沃森是美国企业史上十大名人之一。他于 1956 年去世，享年82 岁。

9 挫折之后的成功

——印制线路板

制造电脑和机器人、制造电子设备都离不开印制线路板。说起艾斯勒发明印制线路板的故事，那真令人十分感慨！

1930年，保罗·艾斯勒23岁，在奥地利维也纳工学院毕业了，成为一名电子工程师。但是，当时奥地利对犹太人的排挤太厉害了，因为他是犹太人，到处找不到工作。

艾斯勒经济困难，只有在维也纳一家杂志社当帮工。值得庆幸的是，他在这里学到了出版杂志的印刷技术。不久，他又碰到了好运，这家杂志社被沃韦茨出版集团接管，艾斯勒得到一个正式编辑的职位。

1934年，奥地利法西斯上台。艾斯勒感到只有到美国或英国去才会有出路。但是，没有人帮助是无法实现这一愿望的。很幸运，因为他已有了两项专利，借助这点资本，他得到了英国的邀请和签证。

到英国后，艾斯勒把一项专利卖给当时一家大公司——马可尼公司，却只得了250英镑。没几个月他就把钱花光了。因为他是以访问学者的身份进入英国的，不允许在英国找工作，于是他的生活又陷入贫困。

20世纪40年代初期，电子真空管已获得普遍应用，收音机、电视机等很多电子设备在迅速发展，可是，当时的电子设备，是将很多的电子元件组装在一块绝缘薄板做的底盘上，用导线将这些元件相互连接起来，经常是一个电子元件就需要连接好几根导线，因此，导线很多，纵横交错，不仅很乱，成本高，而且不可靠，常常出故障，焊接导线还非常费时间。艾斯勒注意到这些问题，他想，如果将连接元件的导线像印书那样印在绝缘板上，接点一定会牢固可靠，又可以节省很多导线，从而也会大大减少设备的重量和体积。于是，他在一间狭窄的小房间里开始研究印制线路板。幸运的是，进行这一研究，只用简单的工具和仪器就可做实验，还可以很方便地常去大英博物馆查阅资料。

经过反复的实验、改进，艾斯勒终于在 1943 年研制成功了印制线路板。在印制线路板上看不到连接电子元件的导线，因为所有的线路都印在了线路板上，每块线路板的线路真正是像印书一样，一张一张印制下来就行了。

艾斯勒希望这个发明能尽快地得到应用。他满怀信心地找到了普列赛公司，展示了他的印制线路板，遗憾的是，这家公司的老板却未能看出这是一项伟大的发明，没有采用。他们不相信印制线路板可靠性强、生产简单、可以制造小型电路等优点，却嘲笑艾斯勒的发明是"妇人之见"。这次遭遇，使艾斯勒有点心灰意冷。

这时正值第二次世界大战期间，艾斯勒想，印制线路板也许对打击法西斯有用，于是他又寻求城市公司财团的资助，但是他运气不佳，正碰上发明喷气发动机的弗兰克·惠特尔也找到这个财团资助。城市公司财团只能在这两项发明中挑一项，结果艾斯勒的印制线路板没有被选上。

艾斯勒又一次遭到拒绝，难得的是，他没有消极悲观，而是继续努力寻找机会。这时，一位美国军事人员听了艾斯勒的发明介绍后，向美国标准局作了报告。美国标准局对此很感兴趣，决定在高射炮弹的电子引信中试用艾斯勒发明的印制线路板。

1944 年，美国采用使用印制线路板的高射炮将德国纳粹发射到盟国英国的几千枚飞弹击毁。实践证明了印制线路板的性能良好、稳定。美国标准局 1948 年下令，所有机载设备必须采用印制线路板。

随着印制线路技术的发展，不仅可以印制线路，还可以印制一些元件，如电阻、电容等。一般小型的电子设备，如电子手表、半导体收音机、小型计算器等，所有元件、器件都印制在小小一块印制线路板上；而大型设备，如大型计算机，也逐渐以印制线路板部件为基础板。一台计算机的基础板，要由几十块到几千块印制线路板构成的插件和印制线路底板构成。

10　零代计算机

——机电式计算机"马克－1"

美国数学家艾肯，1900 年生于美国新泽西州的霍布肯市。他的家庭很贫穷，小时候只读了技术高中，而且在上完课之后，还得去一家公司干活。但是艾肯始终热爱学习，他在麦迪逊煤气公司工作挣了点钱，又开始去上大学。1923 年，他在威斯康星大学毕业，1939 年获得哈佛大学博士学位。

艾肯在写博士论文时，所研究的问题需要进行大量烦琐的计算，这使他对计算机产生了兴趣。1937 年，他写了一份名为《自动计算机建议》的备忘录，交给了学校，并且自己动手设计了一种计算机，这种计算机用穿孔卡做计算机的"程序控制器"，用卡片上的许多不同的孔代表了不同的指令，去进行一系列计算。也就是说，用穿孔卡片给出指令并控制计算机按预先规定的计算程序完成计算。不久，他的设想得到了IBM 公司和海军部门的赞助，他们为艾肯提供了研究资金。

经过 5 年的奋战，1944 年，一台通用自动机电式计算机"马克－1"制造成功了。这台计算机是个庞然大物，长 17 米，高 2.5 米，有100 万个零件，用了 3000 多个继电器，所以又称继电器计算机。1944年交给哈佛大学，使用了 15 年。

"马克－1"计算机，被人们称为世界上第一台自动程控计算机。它可说是巴贝奇计算机构想的实现。但因为继电器的开关速度大约为百万分之一秒，使它的运算速度受到了很大的限制。用它做两个23位数的乘法时，需要6秒，做除法需要11.4秒，加减法需要0.3秒。而且因为它用了很多继电器，工作时叮当作响。有人形容说："好像听见了整个俱乐部里的老太太们在忙着用钢针织毛衣似的。"

艾青

"马克－1"只能算做零代计算机，它还不是电子计算机。但是，这台计算机，还有德国人朱赛1941年制成的Z－3全自动继电器计算机，美国贝尔电话公司史梯别兹设计的Model－1计算机，都为早期的电子计算机的发展起了开路作用。它们都是用继电器等机械－电气元件制造出来的，所以也称机电式计算机。

艾肯后来又制成了速度更快的"马克－2"计算机。1956年研制成使用电子管的"马克－3"计算机。

11 被埋没40年的发明

——第一台电子计算机ABC

神奇的电子计算机问世至今已有几十年了。在过去很长的时间里，人们都认为，世界上第一台电子计算机是由美国莫奇利和埃克脱发明的，直到 20 世纪 80 年代末，才正式承认是由美籍保加利亚学者阿塔纳索夫发明的。

阿塔纳索夫 1903 年生于纽约州，他获得物理学博士后，到依阿华州立学院任教，开始研究把电子技术引入计算机。他想采用电子元件加快计算机的运算速度，具体的设想是：用许多电容相连，上面记载了很多数据；很多电子元件整齐地排列在一起，由导线连接起来，当时称为"算盘"，还有一个黑匣子，两个"算盘"各自给黑匣子输入一个"状态"，黑匣子便会输出正确的结果。

阿塔纳索夫

直到 1937 年，阿塔纳索夫终于设计出电子计算机的关键线路。1939 年 10 月，他和研究生贝利共同制造出第一台电子数字计算机样机，他们把这台电子计算机叫做 ABC 计算机。ABC 计算机能解很复杂的代数方程。1940 年，他们为此机申请了专利。一家报纸还为它写了报道，说这种真正的电子计算机将会在 1941 年制造出来。

然而 1941 年第二次世界大战爆发了，美国宣布参战，眼看即将投产的计算机也告吹了。这一年，阿塔纳索夫的老同学莫奇利拜访了他。阿塔纳索夫让莫奇利参观了自己的 ABC 计算机，还看了自己设计的图纸和写的笔记。

后来，莫奇利、埃克脱等人于 1945 年底宣称他们制造出世界上第一台通用电子计算机"埃尼阿克"，并于 1947 年申请专利。这时，阿塔纳索夫注意到"埃尼阿克"计算机专利中，有不少是取自他设计的ABC 计算机的，于是就展开了第一台电子计算机发明权之争。阿塔纳索夫指控莫奇利剽窃了他的发明。1972 年，法官拉森判定"埃尼阿克"

计算机专利无效，肯定了阿塔纳索夫电子计算机实验性模型的基本概念，但认为对莫奇利剽窃的指控，证据不足，不能成立。但是，拉森签署判决后的第二天，又发生了水门事件中"星期六之夜大屠杀"——总统尼克松把特别检察官和助理首席检察官解职了，这在当时算是特大新闻，电子计算机发明权之争的判决没能引起人们广泛注意。

直到20世纪80年代末，经过专家们在学术上的研究，终于承认被埋没了40年的阿塔纳索夫的ABC计算机是第一台电子计算机，是计算机史上第一次采用电子元件制作的计算机。它比以前采用机电元件作为构造元件的计算机，运算的速度加快了很多，为后来电子计算机的飞速发展开创了新的历史篇章。在阿塔纳索夫的计算机中运用了二进制作为运算基础，提高了运算精度，还采用了计算部分与存储部分分开的结构，这对现代电子计算机也产生了很大影响。他发明的计算机，对后来计算机的发展作出了开创性的贡献。

1990年，美国总统布什把美国国家技术奖章授给了此时已87岁高龄的阿塔纳索夫，奖励他发明了第一台电子计算机。

用电子管制成的电子计算机后来称为第一代电子计算机。电子计算机，是指用电子元件（如电子管）为主制造的计算机，它与以前发明的用齿轮或继电器进行计算的计算机，发生了质的飞跃。

12　最初的设计用于火炮弹道计算

——计算机"埃尼阿克"诞生

第二次世界大战期间，为了使高射炮能准确击中敌机，需要进行火炮弹道计算。美国宾夕法尼亚大学莫尔学院与阿伯丁研究所弹道研究实验室合作，每天要提供6张射击表，每张表要算好几百条弹道，200名熟练的计算员用台式计算机计算，仍满足不了需要，即使使用由继电器构成的微分分析机，仍然感到计算的速度太慢了。

美国物理学家莫奇利，一直想提高计算机的速度，他想到采用电子管代替继电器来制造计算机，但是当时电子管工作不可靠，而且价格十分昂贵，所以，一直没有想出解决的方法。

1941年6月，莫奇利借放暑假的机会，拜访了美籍保加利亚学者阿塔纳索夫。他们在半年前曾交换过关于制造计算机的问题。阿塔纳索夫给他看了自己研究制造的电子管ABC计算机以及操作说明书。尽管ABC计算机是一台小机器，而且没有安装完，演示不那么成功，但是，莫奇利看到了电子管计算机比继电器计算机速度更快，更精确，因而使他更有信心了。

在这一时期，电子技术已经有了很大发展，电子线路理论和电子元件发展到了更高的水平，莫奇利又参加了电子集训班学习，他充分考虑了如何用电子管制造计算机的方案。1942年8月，他写了一份《利用高速电子管计算机进行计算》的备忘录，交给了阿伯丁研究所。

美国物理学家埃克脱，也在那时参加了电子集训班。他对莫奇利的备忘录非常感兴趣，而且还提出了具体的修改意见。

埃克脱

1943年4月2日，他们又正式提出了一份关于制造电子数字计算机的报告。4月9日，美国陆军阿伯丁研究所批准了报告，并且提供了研究经费，同时给这种计算机预先定名为"埃尼阿克"（ENIAC，电子数字积分计算机的英文缩写）。由30岁的莫奇利任总设计师，24岁的

埃克脱任总工程师，负责解决制造中各种工程技术问题，还聘请了一些有名望的科学家、工程师参加研制。

1945 年底，具有历史性变革的电子计算机"埃尼阿克"宣告竣工。

相当长一段时间，人们称"埃尼阿克"是世界上发明的第一台电子计算机，20 世纪 80 年代末期，经过专家们的研究鉴定，确认 1940 年美籍保加利亚学者阿塔纳索夫发明的 ABC 计算机是世界上第一台电子计算机，阿塔纳索夫于 1990 年被美国总统布什授予美国国家技术奖章，于是莫奇利等人发明的"埃尼阿克"计算机，就被认为是世界上第一台通用电子计算机。

"埃尼阿克"是一个庞然大物，它用了 18000 个电子管、70000 个电阻、10000 个电容，重 30 吨，放在一间 135 平方米的房间里。它每秒钟可进行 5000 次加减法或 500 次乘法或 50 次除法运算，比一般已有的继电器计算机快 1000 倍，比人工计算快 20 万倍。为制造这台电子计算机，花费了 48 万美元。

1947 年 8 月，"埃尼阿克"电子计算机正式交给阿伯丁研究所使用，它进行过弹道表的计算，完成了预定计划。同时它对氢弹、天气预测和风洞设计等的计算，也完成得又快又准确。

13　一个电子的大脑

——通用电子计算机"埃尼阿克"

"埃尼阿克"计算机于 1947 年正式交给阿伯丁研究所使用。由于第二次世界大战结束，这台特意为进行火炮弹道计算而设计的专用计算机，经过多次改进后，成为一台通用电子计算机。通用计算机就是可以进行各种科学计算，完成控制任务，实现业务管理的计算机。

"埃尼阿克"从1946年至1955年共正常运行了10年。它的运算速度比以前的继电器计算机快1000倍，用它计算一条炮弹弹道的轨迹，20秒钟就可以计算出来。它一天能完成的计算，相当于一个计算员用台式计算机工作40年。

这台计算机完全采用电子管等电子元件构成电子线路，执行算术运算、逻辑运算和存储信息。将它用于科学计算也很先进。比如：圆的周长与直径之比为π。中国古代数学家祖冲之得到的π值为小数点后8位；德国的鲁道夫花了毕生精力于1615年把π值算到小数点后35位；法国的谢克斯花了15年时间把π值算到小数点后707位，此后再没有人超过他了。"埃尼阿克"计算机计算时，用了40秒钟就发现了谢克斯计算的π值在第528位出了错，又用了70小时，把π值精确到了小数点后2035位。

尽管莫奇利和埃克脱的"埃尼阿克"电子计算机专利后来被否定，但是"埃尼阿克"电子计算机在科技史上的伟大作用是不容置疑的，它对当时以及后来电子计算机的影响是巨大的。在"埃尼阿克"正式使用9个月时，英国无线电工程师协会的蒙巴顿将军就说它是"一个电子的大脑"，后来人们也就逐渐把电子计算机称为"电脑"。

不过，"埃尼阿克"尚未完全具备现代计算机的许多特征，它的设计也有不足之处，如采用的是十进制；存储容量太小，内存只有1K；程序是外插的，也就是说，计算一个课题，要先编好电子计算程序，然后，按照程序把一些接线板临时和计算机各部件之间焊接连线，所以，准备时间太长，计算几十分钟要准备1～2天。直到1949年，英国根据美籍匈牙利数学家诺伊曼的设想——采用二进制来表示数据，程序是内存的，率先制成了一台电子离散时序自动计算机，计算机发展才有了重大突破，开始了现代计算机的发展历程。

14　计算机之父的杰作

——诺伊曼计算机

　　1944年夏天的一个夜晚，在美国弹道试验场所在的阿伯丁火车站，"埃尼阿克"计算机研制组的美国数学家格德斯坦在等车，碰巧遇到了美籍匈牙利数学家诺伊曼，在交谈时，格德斯坦告诉诺伊曼，他们正在研制"埃尼阿克"计算机。这个消息引起诺伊曼的兴趣，他询问了许多问题。

　　诺伊曼1905年诞生于匈牙利，是一位犹太人后裔，他从小就以在数学上智力超常而闻名。1933年，美国普林斯顿高等研究院成立，爱因斯坦等6位科学家被聘为终身教授，诺伊曼也是其中之一，此时他还不到30岁，是最年轻的终身教授，而且很快又成为美国国家科学院院士。

　　诺伊曼这时正在参与美国曼哈顿工程的工作，曼哈顿工程是美国制造第一颗原子弹的工程。他经常遇到十分复杂的计算问题，他所在的实验室聘用了100名计算员，每天用台式计算机进行计算，仍然满足不了要求。诺伊曼深知研制电子计算机的深远意义，他迫切地想亲眼看看这个计算机。

　　研制"埃尼阿克"计算机的总设计师莫奇利、总工程师埃克脱非常欢迎诺伊曼参观他们的工作。埃克脱对格德斯坦说："诺伊曼是不是真正的天才，从他来以后提出的第一个问题就可以判断出来。"

　　埃克脱认为，诺伊曼的第一个问题一定会抓住电子计算机的核心问题——机器的逻辑结构。

果然，诺伊曼兴致勃勃地参观了还没有完工的庞大的计算机，真的询问了关于机器逻辑结构的问题。埃克脱对诺伊曼是说不出的佩服。后来，诺伊曼也参加到研制小组中来了，他在"埃尼阿克"计算机的研制工作中发挥了重要作用。

　　1945年，诺伊曼等提出了一种全新的存储程序式通用电子计算机"埃德伐克"的设计方案。它是现代电子计算机的原型，后人称为"诺伊曼机"。

　　诺伊曼机的设计思想，使计算机的发展有了重大的突破。它采取了不少重要的革新措施：不再采用十进制，改为采用二进制；计算程序和数据一样，也存入计算机内部的存储器中，而不是放在计算机外部，这就是程序内存。这样，计算机就可以通过一种专门指令，从一条程序指令转到另一条指令，使得所有的运算真正是自动完成的。"程序内存"这个概念是计算机发展史上的一个里程碑。它到底是由谁首创仍是一个谜。但是，由诺伊曼等提出的"埃德伐克"设计方案，长达101页，被称为是划时代的文献。

　　1946年6月，诺伊曼与人合作，又写出了更完善的《电子计算机

电子数字计算机之父诺伊曼

装置逻辑结构初探》的设计报告，掀起了第一次计算机热。由于一些原因，第一台诺伊曼机是由英国剑桥大学于 1949 年研制成的；第二台诺伊曼机则是由美国于 1950 年研制成的；而诺伊曼等设计的"埃德伐克"机，则到 1952 年才制造出来。

诺伊曼机的形成，对于现代计算机的发展具有重要意义。前四代计算机多是诺伊曼机。诺伊曼机有三个特征：①采用二进制表示数据；②存储程序，就是说程序和数据事先放入主存，计算机工作时，自动从主存取出程序执行；③计算机至少由运算器、控制器、存储器、输入设备和输出设备五个部分组成。

诺伊曼对计算机的发展作出了伟大的贡献，人们称他是"电子数字计算机之父"。他除了在电子数字计算机理论和设计方面作出了贡献，还大力开拓计算机应用领域：用计算机解决科学问题，提出用计算机进行天气预报，并且预见到计算机可用于种种事务处理。

15 为了破译"谜语机"的密码

——电子计算机"炸弹"与"巨人"

第二次世界大战期间，德国法西斯情报部门都使用一种叫"谜语机"的密电码机。"谜语机"能组合出 220 亿组密电码，如果一个人一分钟译一个组合的密码，需要日夜不停地干上 4200 年才能全部译完。这么多的组合密电码光用间谍买下密码组合的秘密还不行，必须有破译密电码的机器。

1938 年 8 月，英国数学家图灵接到英国情报部门首脑孟席斯将军打来的电话，约他到办公室见面。图灵走进英国军事情报反间谍处的一间办公室，见到了孟席斯将军，将军向图灵说明他们需要有能破译德国法西斯"谜语机"的机器，询问图灵是否同意立即开始研究工作。图灵表示同意。

于是图灵领导了一个代号为"8号房间"的部门，这里有数十名数学家和工程师一同参加研究，主要的工作是进行计算。这时图灵迫切地感到需要一部计算机，这本来是图灵多年来一直想要制造的。

不久，图灵便和他的助手研制出第一台破译德军密码的计算机，人们给它取名叫"炸弹"，它就装在距伦敦几十千米的英国女王维多利亚宫邸的大树下。

德军用"谜语机"产生的密电码，通过无线电中继站被截获后，送给"炸弹"计算机进行破译，获得了许多德军超级秘密情报。"炸弹"每天能破译敌人电报3000多份，依靠"炸弹"的破译，英国对德国的很多军事行动了如指掌。

1940年8月13日，英国有备而发，"炸弹"计算机破译出德国空军下令彻底消灭英国皇家空军的密电，当德国前来进攻的1000架轰炸机和700架战斗机，准备越过拉芒什海峡时，迎头遇到了英国飞机的截击。5个小时后，德国的进攻被粉碎了。

在1943年3～5月，英国通过"炸弹"破译敌人密电，共击沉了62艘德国潜艇。

1943年12月，图灵他们又研制出"巨人"电子计算机，专门破译密电码。早期的"巨人"有1500个电子管，以每秒5000次的速度运算。到1945年，第二次世界大战结束时，英国已有10台"巨人"投入使用。从第二台开始，每台用2400个电子管，运算速度成倍增加。由于破译密码屡建奇功，德国法西斯对它恨之入骨，多次派间谍追踪，但都未能得手。英国一直严加保密，直到1975年新闻界才公布了它的照片。它未能与1945年美国发明的第一台通用电子计算机"埃尼阿克"争夺"世界第一台电子计算机"的桂冠，只做了一名有实际重大贡献的"无名英雄"。

16 计算机能思考吗

——图灵测验

在电子计算机"埃尼阿克"正式使用9个月之后，英国无线电工程师协会的蒙巴顿将军说"埃尼阿克"是一个"电子的大脑"。电脑就逐渐成了电子计算机的美称。

电子计算机在运算速度及存储能力上超过了人脑。但是，它没有人脑灵活和聪明。电子计算机问世以后，人们就开始研究："计算机能够思考吗？""计算机能否达到人的智能水平？"

英国数学家图灵是首先提出智能计算机的科学家。他认为，要使计算机能学会像人那样思考，必须制造出一种智能计算机。

1947年，图灵在一次计算机会议上，作了关于智能计算机的报告。

1950年，图灵发表题为《计算机能思考吗》的论文，设计了著名的图灵测验，通过问答来测试计算机是否具有同人相等的智力。图灵测验是这样的：让甲方和乙方在相互看不见的情况下谈话，甲方是一个人，乙方是一个人或者是一台计算机，谈话内容要设计得复杂一些，可以任选，比如谈论著名文学家莎士比亚的一首十四行长诗。

甲问：那首十四行长诗中的第一句是："让我以夏日比君如何？"如果改用"春日"是否可以，或者更好些？

乙答：那样就不押韵了。

甲问：如果改成"冬日"呢？这可是押韵的！

乙答：不错，是押韵的。但是没有人喜欢被比作"冬日"。

……

如果谈完话，甲方分不清乙方是人还是计算机，而乙方实际上是计算机，那么就可以认为计算机能像人一样思考，具有同人相等的智力。图灵认为20世纪末将会出现这样的智能计算机。

图灵

图灵1912年6月23日生于伦敦。19岁入剑桥大学学习。23岁毕业后留校任教。图灵年轻有为，思维灵活而又敏捷，从小就被认为是奇才，在剑桥大学读三年级时，就写出很好的论文，教授们称赞他的论文是非常漂亮的小证明。图灵23岁时写出毕业论文，不但通过博士学位答辩，而且当选为研究员。但他并不满足，于次年又到美国普林斯顿当研究生学习去了，并于1937年发表很有价值的论文，提出了"图灵机"的概念，成为自动机理论创始人。他在美国普林斯顿大学期间，担任了著名的科学家诺伊曼的助手。图灵后来回英国，领导研制出英国第一台电子计算机。他是计算机科学研究的先驱者之一，可惜，他42岁时不幸早逝。为了纪念他对计算机科学的贡献，美国计算机协会设立了图灵奖，每年授予在计算机科学方面作出重大贡献的人。

17　计算机发展的一次飞跃

——晶体管的发明与第二代电子计算机

1904年，英国的弗莱明发明了第一个二极电子管；1906年，美国的德雷福斯特发明了第一个三极电子管；以后，又出现了四极管、五极管和更多极的电子管。电子管的发明，促进了电视、雷达和电子计算机等的发明。到了1945年，电子管已进入了权威时期，电子管几乎是各种电子设备中唯一可用的电子器件。在这时，美国贝尔实验室的物理学家们却看到了电子管在体积、功耗、寿命等方面的局限性。像第一台通用电子计算机"埃尼阿克"，就使用了18000个电子管，体积庞大，占地面积135平方米，重30吨，耗电量达150千瓦。再说，电子管的价格昂贵，当时一只电子管能卖到几十美元，相当于现在一百多美元，一台电子计算机至少要采用一万多个电子管，也不是一般的经济条件可以承受的。

由此可以理解：电子管给计算机带来了飞跃，可是也使人感到不满足。1945年初夏，贝尔实验室成立了研究小组，肖克莱、巴丁和布喇顿三人是核心成员。肖克莱担任组长，他是一位物理学家，早在1936年就来到了贝尔公司，他认为电子管已完成了历史使命，该把眼光转向半导体了。巴丁，是一位刚来到贝尔实验室有创见的物理学家。布喇顿1929年就进入了贝尔公司，对半导体实验有丰富的经验。

肖克莱提出，给半导体薄片加上电压，可以控制它的表面的电流，从而起到放大器的作用。肖克莱让巴丁校核他的计算公式。巴丁校核后，也证明确实应当出现这种电流效应。

1947年12月23日，巴丁和布喇顿成功地做出了世界上第一个晶体三极管。他们把一条很细的金箔压到一片锗半导体上面，锗的下面再加一个结。他们给两条金箔加上电压，当在下面的结点与一条金箔之间加一个小信号时，另一条金箔与下面结点间的电流变化就很大。

1948年6月30日，巴丁和布喇顿向全世界宣布了自己的发明。这一发明本可以认为是"20世纪的重大发明"，不过当时并不那么引人注目。只是在宣布后的第二天，《纽约时报》在版面的最下角，一则音乐喜剧广告的旁边，刊登了一条简短的新闻消息：一种被称为晶体管的发明，昨天在贝尔实验室所在地，第一次向公众作了介绍……

　　尽管晶体管的第一个专利上没有肖克莱的名字，但是由于他具有很深厚的理论基础，第二年，他又提出了更好的结型晶体管理论，并在1950年试制成功。

　　1956年，他们三人因为发明晶体管的卓越贡献，同时获诺贝尔物理学奖。

　　晶体管的出现，使计算机的面貌发生了翻天覆地的变化。

　　1956年，贝尔实验室研制成一台晶体管电子计算机，用了5000只晶体管，计算机的体积却只有一台落地式音箱那么大，消耗功率也只有160瓦，它是美国最早的晶体管计算机。

　　晶体管的出现，使电子计算机产生了三重革命性的变化：体积越来越小，价格越来越便宜，耗能越来越低。这一切使电子计算机迈入了第二代。

巴丁（左）、肖克莱（中）、布喇顿

18　密林中的隐士

——20 世纪 60 年代末的巨型计算机 CDC－6600

　　塞里奥·克雷是美国威斯康星州人，毕业于明尼苏达大学。他才华横溢，富于创新精神。美国国防部官员称他是"美国民族的智多星"。

　　1950 年，21 岁的克雷进入斯派利克公司。他不善言谈，但是却立志要研制出运算速度最快的计算机。他提出一种大型计算机设计方案，但是斯派利克公司不愿意拿出大量资金去研究。

　　克雷没有灰心，他坚信小公司也能造出大型计算机。1957 年，他离开了斯派利克公司，和几个人创建了控制数据公司（CDC 公司）。他们经费不够，只好租了一家仓库的二楼，苦心经营，坚持不懈地研究。3 年后，克雷设计的第一台大型计算机终于问世了。由于他设计的计算机与同类计算机相比，结构合理，运算能力强，在市场上很受欢迎。1960 年，美国最大的计算机用户原子能委员会，秘密委托 CDC 公司研制一种高性能的电子计算机，并定名为 CDC－6600。

　　31 岁的克雷此时已是 CDC 公司的副董事长了，他带领了一个 30 多人的设计组，离开了公司总部，回到他的家乡威斯康星州奇普瓦福尔斯，在林中盖了一些小屋，干了起来。

　　在那密林深处，克雷和他的同事们摆脱了一切社交活动，专心研制计算机。克雷除会见一次董事长外，4 年时间里没有离开过那些小屋，甚至有一个团体授予他奖章，他都没有去赴会，因此，他被人们称为"密林中的隐士"。

　　在 CDC－6600 设计中，克雷大胆改革，设计了一种"独立并行处理方式"，也就是说，CDC－6600 主机的中央处理器含有多个独立并行的处理单元，并配置有多台外围处理机，需要处理的信息，由外围处理机和中央处理器共同来完成。克雷首创的这种独立并行处理方式，在以后的巨型计算机中被广泛运用。

1964 年，CDC－6600 计算机终于诞生了，这种巨型机主要的特点是运算速度快，运算速度达到每秒 300 万次，是当时世界上运算速度最快的电子计算机，而且计算精度高。这种计算机共生产了 400 台。后来，克雷又设计了运算速度达到每秒千万次的 CDC－7600 计算机。

19　计算机的魔术师

——20 世纪 70 年代的巨型计算机"克雷－1"

1964 年克雷研制成功的 CDC－6600 计算机获得了巨大成功，深受用户的欢迎，从 1965 年起一直占据着巨型机的市场。但克雷并不满足于现状，他又计划设计一种更大的计算机，由于与公司意见不一致，克雷离开了 CDC 公司。1972 年，他重新组建一个公司，叫克雷研究公司。开始时只有 12 个人，没有地方办公，只好在克雷家乡找了一个小厂房进行研制。

又是艰苦奋斗的 4 年。1976 年克雷推出了"克雷－1"巨型计算机。它是当时运算速度最快的计算机，每秒能运算 8000 万次。"克雷－1"在科学计算能力方面，相当于 40 台 IBM370/168 大型通用机，而售价却差不多。"克雷－1"计算机的操作指令简单明了，易于掌握；电源及降温设备很简单，占地面积仅 7 平方米。美、英、德、日许多有名的研究机构相继订购了"克雷－1"计算机。

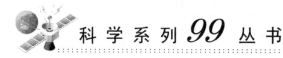

克雷研究公司后来又于 1982 年、1985 年、1987 年先后推出克雷 X—MP、"克雷－2"、"克雷－3"巨型计算机。巨型机是第四代电子计算机的一个分支。

克雷设计的计算机速度不断增加，而体积却不断减小，因为他有一套独特的组装技术，所以人们也称他是一位"计算机的魔术师"。由于他设计出的大型计算机、巨型计算机，都是在很简陋的条件下制造出来的最先进的计算机，他是最杰出的计算机设计家，所以，被美国人称为"美国民族的智多星"。

塞里奥·克雷博士

什么是巨型计算机呢？20 世纪 70 年代初，人们把运算速度每秒 1000 万次，存储容量为 1000 万位，耗资为 1000 万美元者（即三个 1000 万以上）称为巨型机。目前巨型机的标准是运算速度为每秒 1 亿次以上，字长 64 位，主存储容量达 4 兆至 16 兆字节。巨型机具有它的特殊用途，如天文计算、卫星及航天飞机计算、长期气象预报等，它的功能在不断提高。

1997 年初已有运算速度为万亿次的巨型机问世。

20 50亿美元的大赌博

——第三代电子计算机IBM360

1964年4月7日，IBM公司在美国62个城市和40个国家同时举行记者招待会，宣布推出新的一代电子计算机IBM360系统。

这一天，在纽约一家豪华饭店门口，轿车云集。身材魁梧、有军人风度的IBM公司董事长小沃森快步走进挤满记者和来宾的会场。他说："……今天请诸位来，是要宣布本公司一项最新的成就——IBM360系统，这是本公司50年来历史上最重要的产品，它将为数据处理揭开划时代的新纪元……"

IBM360是IBM公司1961年底决定进行研制的。总共投资50亿美元，这是当时资本主义世界最大的私人投资，比美国研究制造第一颗原子弹的曼哈顿计划投资20亿美元还多得多。这种投资担的风险实在太大，当时美国有的杂志称它是50亿美元的赌博。公司对于是否通过这个计划是有争议的。

当时IBM公司生意兴隆，垄断着西方世界70%的计算机市场；另一方面IBM公司于20世纪50年代中期开始投资研制斯屈莱奇计算机，最后亏损2000万美元。所以，很多人主张谨慎从事。

IBM公司中有些富有学识又有经验的领导，看到以往计算机的缺点：各种计算机之间互不通用，一种计算机上可以运行的程序，到另一种计算机上就不能运行了。换句话说，由于没有通用性，用户不方便，设备很浪费。所以，直接领导计算机研制生产的副总经理利森就提出了对已有产品进行一场整顿改革的计划。后来在小沃森支持下，通过了

IBM360研制计划，目的是使计算机标准化、系列化、通用化。

研制成功的IBM360系统通用性强，包括后来发展的一共有十几个机型都是"兼容"的，也就是编出的一种程序，在这些计算机上都可以运行。这种系统取名360，表示它像罗盘有360°刻度，能适应任何方面。IBM360确实兼顾了科学计算、数据处理和控制三个方面的应用。IBM360系统包括大型计算机、中型计算机和小型计算机。大中小型是按照计算速度、计算精度、主存储信息容量以及价格来分的。IBM360系统采用了标准接口，所以，这个系统的外部设备都互相通用。

IBM360系统的出现，对美国、对世界上计算机系列化发展产生了重大影响。

IBM360系统是最早采用集成电路元件的。现在把采用中小规模集成电路构成的计算机称为第三代电子计算机。集成电路是指把很多晶体管、电阻、电容等元件集中在一片硅片上，制成具有一定功能的电路器件。

IBM360系统是第三代计算机的里程碑，它被人们记入到计算机的史册中。IBM公司50亿美元没白花。

IBM公司后来在第四代计算机，在超小型计算机、巨型计算机以及其他类型计算机的发展中，同样作出了应有的贡献。

IBM360与制表格机比较

21　使微电子工业进入新纪元的发明

——微处理器

1969 年初,美国英特尔公司从仙童公司分出来还不到几个月,日本一家计算器公司便委托英特尔公司生产计算器芯片。

英特尔公司的总裁诺伊斯,是发明集成电路的几个人之一,他工作很忙,所以,让一位叫霍夫的工程师去洽谈。

霍夫 1937 年生于纽约州的罗彻斯特,1962 年在斯坦福大学获得博士学位,是公司的第十二名雇员,担任应用研究经理。

他听完日本工程师提出的要求之后,询问了一些情况,没有发表意见。后来他到塔西提岛去度假,但却一直在想,这家公司要求生产计算器芯片,要用 6~8 个芯片组成一个计算器,这比生产出一台小型计算机还要贵,不合算。三个月时间,他边学习,边思考,边调查。

1969 年 8 月,霍夫兴高采烈地来到办公室,顺手把纸和笔递给了日方代表,用他的口头禅开始说了起来:

"我的想法是……"

原来他设计过小型计算机电路,只要向小型计算机输入简单指令,计算机就会进行工作。能不能让芯片也做复杂的工作呢?他想把计算器所有的逻辑电路都集中在一个芯片上,并且按不同需要给芯片编制程序,芯片不也能完成复杂的功能吗?谁知日本工程师对他的想法并不感兴趣。霍夫伤心到极点了,他跑去找诺伊斯。诺伊斯早就预料到将会出现装在一个芯片上的计算机,这位总裁对霍夫说:

"没关系,你无论如何也要干下去。"

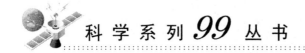

他得到了诺伊斯的鼓励，得到了同事霍金等人的帮助，开始进行设计。

10月份，日本这家公司的几位经理来检查这一项目，日本工程师谈了自己的意见，霍夫则把自己的创新见解提了出来。结果日本公司采纳了霍夫的设计，并签定了独家经营合同。

1971年1月霍夫与同事一起制造出4004芯片，这就是世界上第一块真正的实用的微处理器。

但是，英特尔公司的销售部对于出售这种芯片并不积极。霍夫找出许多理由力争说明这种芯片的优点：一个芯片可以完成运算器和控制器的功能，所以，把它用到各种装置上能代替"简单的"计算机，完成计算和处理功能；这种芯片工作很灵活，因为它的工作程序可以重新改编，这比过去的集成电路灵活多了，集成电路是按预先编好的、固定的程序工作的。结果，英特尔公司聘请专门制作广告的人，在1971年《电子新闻》秋季号上作出推销产品的广告：

"宣告集成电子学新纪元——装在一块芯片上的可编程序的计算器。"

接着4004芯片又在电子产品展览会上露面了。

用户动心了，因为一块微处理器芯片，几乎与"埃尼阿克"计算机的电路板功能差不多，4004芯片上集成了2250个晶体管！英特尔公司用4004芯片加上两个存储器芯片和一个寄存器芯片，构成了世界第一台微型电子计算机"MCS-4"。它使人类发展的电子学向集成化迈出了第一步。

22 计算机大家庭中的"牛郎星"

——个人用微型计算机"阿尔塔"

应当赞扬罗伯茨,因为他制造出第一台供个人使用的计算机。

罗伯茨是一位喜欢捣鼓小玩意的人,他小时候就爱玩电子机器,十多岁时就用继电器等电子元件制造了计算机。为了有更多机会学习电子学,他参加了空军。1948 年,他和几名军官在汽车房办了一个小小的电子公司,叫微型仪器遥测系统公司。

罗伯茨决定生产一种可编程序计算器,就是那种有简单的按键,有小小显示器,并可由使用者自编程序进行计算的器具。结果由于 1974 年初芯片售价下降,他们公司生产的计算器就像沙漠的尘土一样被风吹走了,公司欠了 30 万美元的债。

罗伯茨为还清债务,只有背水一战。他决定用美国英特尔公司微处理器 8008 制造计算机。当时美国市场上到处是计算机淘汰下的元件,电子爱好者和计算机迷自己组装、自己制造计算机很盛行。有人花上几百美元,买个微处理器,自己编制程序,再配上输入输出设备,就算是一台计算机了。当时 8008 微处理器市场售价是 360 美元,但罗伯茨却想方设法按 75 美元的单价买了一批 8008 微处理器。

很巧,1974 年 7 月,《无线电电子学》杂志刊登了一篇用微处理器制成计算机的文章。另一份杂志《大众电子学》为了与《无线电电子学》杂志争夺读者,约罗伯茨写了一篇用 8008 微处理器制造计算机的文章,罗伯茨答应了。

罗伯茨开始进行设计,并筹集资金。1974 年 9 月中旬,他硬着头皮到银行去贷款。他公司的贷款已经很多了，若是银行不借钱，公司只得倒闭。幸好银行最后还是答应再借给他6.5万美元，因为假若宣布他的公司破产，对银行也不利。

罗伯茨拿到钱后，拼命干，想早日做出样机上市，同时还清贷款。但是给这种计算机起个什么名字好呢？《大众电子学》杂志编辑所罗门12岁的女儿正好在看《星际旅行》电视，她说："为什么不把它叫'阿尔塔'呢？这是'企业'号要去的地方呀！"

原来，"阿尔塔"是牛郎星的意思，是《星际旅行》电视中"企业"号航天器正要去探险的地方。

小姑娘脱口而出的建议，使罗伯茨和《大众电子学》杂志的编辑所罗门都觉得有新意，就给这种新型的微型计算机取名为"阿尔塔"。

1975年，"阿尔塔"个人微机制造出来了，《大众电子学》杂志刊登了罗伯茨写的文章，封面还登出了一张阿尔塔微型计算机的照片。这种计算机每台只售397美元。用户对此感到吃惊，因为这种微型计算机是由微型处理器8008、存储器芯片、寄存器芯片以及其他器件构成的，只要配上键盘和显示器就可使用。市面上一个8008芯片还卖360美元呢，而这样一台微型计算机才要397美元，许多计算机爱好者觉得合算，非常欢迎这种微型计算机。公司的订货单源源而来，供不应求，到

现代微型计算机

1975 年底竟售出了 2000 台，罗伯茨还清了贷款，还得到可观的利润。

世界上第一种个人用微型计算机就这样问世了。它对后来个人计算机事业的发展起到了引路作用。它是一种适合于教师、学生、家庭主妇、售货员、科技工作者等个人使用的计算机，它的特点是体积小、价格低。

23　两个小伙子白手起家

——苹果个人计算机风靡世界

美国加利福尼亚州库珀蒂诺的郊区有一名少年，叫沃兹尼亚克。通过学校老师的联系，他可以到一家公司去操作计算机。他"玩"得很紧张，又很开心，于是他下决心，自己早晚要设计一台计算机，一定要有自己的计算机。他真的画了草图，并和一位朋友自己动手制造了起来。结果，在他们做好后，报社前来采访时，接通电源，计算机却冒了烟。电源短路了，他们失败了，不过他并不灰心。

后来沃兹尼亚克又认识了一位名叫乔布斯的青年，他们成了好朋友。他们都是计算机迷，但他们没有多少钱去买计算机，想自己制造计算机，就参加了"自己制造计算机俱乐部"。这一俱乐部当时有 500 多名成员，软件奇才比尔·盖茨也是其中一员。

由于集成电路的发明，计算机得以朝着微型化的方向发展，以满足人们对于个人计算机的需要。沃兹尼亚克把自己设计的个人计算机又加以改进，用 20 美元买了一块 6502 型微处理器芯片，他先花了几个星期用 BASIC 语言编出了程序，接着又设计了一块电路板，把接口和芯片都装在上面。接口是把计算机的中央处理器与外部设备连接起来的电路。在这里，接口就是把 6502 芯片与一个键盘和一个屏幕显示器连接起来的电路。就这样，沃兹尼亚克就造成了一台结构很简单的，但功能却是完整的计算机。这就是后来曾在全世界风靡一时的苹果机的初始样机。

这种计算机的特点是不仅性能好，更主要的是简单便宜，便于搬动。它适合个人使用或者处理业务，后来其功能很快扩大，并且进入了家庭。

沃兹尼亚克设计的计算机虽然很好，但当时较大的计算机公司不愿生产这样简单的计算机。他的好朋友乔布斯看出了这种计算机具有巨大潜力和效益，认为不必去找大公司，干脆自己生产，他说服了沃兹尼亚克，联合筹办了自己的公司，自己去制造发展这种机器。乔布斯卖掉了自己的汽车，沃兹尼亚克卖掉了自己的袖珍计算器，两人共筹集了 1300 美元。他们没有厂房，就在乔布斯的车库里干了起来。后来又通过一位"风险资本家"与英特尔公司前任市场经理马库拉上了关系，筹集了更多资金，于是建设了厂房，进行生产，采用了一个使人感到亲切、又可爱又好记的名字——"苹果"计算机。

1977 年他们生产的苹果－Ⅱ型计算机一上市，就受到顾客的欢迎。因为这是最早的以整机形式供应的个人计算机。这种计算机使用 BASIC 语言，初学计算机的人容易掌握。整台苹果计算机只有一般英文打字机那么大，它能够显示彩色图像，机壳装潢也很漂亮，外观招人喜欢，所以销售量很大，投入市场一年销售额就达到了 250 万美元。

苹果机获得了成功，苹果计算机公司也飞速发展了起来。5 年时间，该公司职工发展到 4000 人，成为美国 500 家主要公司之一，此时的乔布斯年方 28 岁，已成为当时美国前 400 名富翁中最年轻的一位。他和沃兹尼亚克发展的苹果个人计算机，在计算机发展史上占据了一席之地。因为苹果计算机的出现，标志着人类进入了个人计算机时代。

24 乔布斯与"麦金托什"

——个人计算机进一步发展

自从美国硅谷的乔布斯和沃兹尼亚克设计出苹果微型机后，个人计算机得到了大发展。1981年，IBM公司的个人计算机投入市场，1982年各计算机公司激烈竞争，大幅度削价，一台"赔钱大王"计算机，几个月间从1000美元跌到149美元。个人计算机很快就充斥了市场。

但是，真正创造出受人欢迎的产品不是那么简单的。现在受人欢迎的个人计算机"麦金托什"的问世耐人寻味。"麦金托什"的意思是"蜜柑"，开拓者希望这种个人计算机能与"苹果"个人计算机相媲美。

"麦金托什"个人计算机的策划创始人叫杰夫·拉斯金，他是学计算机的，但却当过画家、音乐家。20世纪70年代中期，他担任过加利福尼亚大学观赏艺术教授，后来到硅谷，是苹果计算机公司的第三十一位雇员。他设计计算机的目标是："一旦它不在主人身边，主人就会想到它。"这种便携式个人计算机能放到客机的座椅下面。

这时苹果计算机公司设计制造的"丽莎"牌计算机，经数百次试验，无数次革新和改革，上市并没有受到欢迎，因为它太慢、太贵，不符合潮流。苹果计算机公司的乔布斯发现"麦金托什"很有前途。他决定亲自来开发它，把它变为更小、更时髦、更漂亮、更快的廉价型个人机。他找来了专门开发软件和专门负责外型设计的人员。他决心把"麦金托什"造成"无与伦比"的计算机，要让它"轰动世界"。

乔布斯担心计算机起动时间30秒太长。他对程序设计员凯尼恩说："即使你用3天时间使它再快1秒钟也是值得的。若有1000万人使用这种计算机，只要 1 年就起动 3.6 亿次，节省 3.6 亿秒，相当 50 人一生的时间。你愿意用 3 天时间节省 50 人一生的时间吗?"凯尼恩鼓足了干劲，终于把起动时间缩短了 3 秒。后来，"麦金托什"计算机上市轰动了世界。1992 年，话控"麦金托什"计算机问世，它能根据人的口头命令完成工作任务。它还会回话，说它已完成了任务。

后来，个人计算机向着小型化、轻量化、智能化、多功能化方向发展。现在，个人计算机用得十分广泛。在国外，它和洗衣粉、饮料一样充斥市场，就像罐头一样随时可买到。个人计算机在国外的一些家庭中，是从有电视以后的最大耐用消费品，比电话普及率还高。例如，美国的少年儿童，一半以上有个人计算机，并经常使用它。20 世纪 90 年代初，美国 2800 多万个家庭中，有 3000 多万台个人计算机。有人估计，到 1999 年，美国的家庭，平均有个人计算机 2.2 台。个人计算机的应用太广泛了。

个人计算机的功能已是大大提高了。现在摆在千百万人桌子上的个人计算机，其功能相当于 20 世纪 50 年代先进的中央处理机那样的水平。

个人计算机用处越来越多，有人用它来进行创作，出版简单作品，设计衣服发型，进行娱乐游戏，管理家务（财政收支、资料档案、医药用品、电话号码和通讯地址等），还有人利用个人计算机上网收集资料，进行购物，甚至进行股市交易等。将来，用个人计算机还可以指挥家庭内自动化设备，完成各种家务劳动，甚至在家办公和学习呢。

25 1亿次一次不少

——中国第一台巨型计算机"银河"

过去，我国没有巨型计算机，有些重要的数据，就要运到国外去计算。

当时，我国曾想购买一台巨型计算机，一个计算机大国提出的条件是：建造一座六面不透明的建筑物，作为计算机的安全区，进入安全区的只能是他们的人员。也就是说，中国人无权进入。

面对这样苛刻的条件，我们怎能不考虑自己造一台巨型计算机呢？

1977年冬天，国防科委给党中央打报告，要求研制中国第一台巨型计算机，就是要求达到每秒能运算1亿次的巨型计算机。国防科技大学计算机研究所所长慈云桂听到这个消息，兴奋不已，连夜做准备工作。

当然，也有人对国防科技大学计算机研究所能否造出这样高水平的巨型计算机持怀疑态度。他们说，计算机研究所不到100人，设备又土又旧，难以想象能在这样的条件下搞出巨型计算机。

邓小平同志亲自决断，把研制巨型计算机的任务下达给国防科委。国防科委主任张爱萍向邓小平立了军令状，把任务交给了国防科技大学计算机研究所。

所长慈云桂向领导立下了军令状：运算速度每秒1亿次一次不少；6年研制成功，一天不拖；预算经费，一分不超。1978年5月，在方案论证会上，他激动地表示：

"现在我刚好60岁，就是豁出这条老命，也一定要把我国的巨型计

算机搞出来！"

慈云桂教授与研究所的同志们共风雨，同忧乐，一起奋战了 6 年。他们设计出巧妙的"双阵列"结构，也就是许多处理机芯片并行排列，可以同时独立地并行完成计算和处理任务，保证计算机运算的高速度。他们超负载、高效率地工作，完成软件的编制。他们特别重视质量，14 万多个接线和接点，每个都检查 8 遍以上，200 多万个焊点，无一个虚焊。

1983 年 11 月，中国第一台巨型计算机诞生了。试机时，主机运转 289 小时，无一次故障，比规定的无故障时间提高了 12 倍。张爱萍将军亲自题名它为"银河"。

"银河"计算机国家技术鉴定组对"银河"进行了全面严格的技术考核：将 26 个在国民经济发展和科学研究方面具有广泛代表性的试题，在计算机上先后计算了 3 遍，数据完全相同，结果正确，精度符合要求，运算速度达到每秒 1 亿次以上。

"银河"是中国研制成功的运算速度最快、存储量最大、功能最强的巨型计算机。它可以为石油地质勘探、中长期天气预报、卫星图像处理、大型科研项目和国防项目等进行计算和处理。

26　获得多国专利的发明

——计算机汉字五笔字型输入法

计算机的汉字五笔字型编码输入法，获得中、美、英等多国专利，输入速度较高，在国内外得到广泛的应用。下面就是王永民教授发明五笔字型编码输入法的故事。

王永民，1943年12月出生于河南省南召县的一个贫苦农民家庭。他小时候虽然穿着褴褛，但却聪明好学，很有抱负。

在1962年南召高中毕业典礼上，王永民曾说过这样的话："翻过我们学过的物理、化学课本，上面印的都是外国人头像。我们是中国人，中国人为什么不能有伟大的发明，为什么不能将中国人的头像印在课本上！"

王永民

有雄心壮志，还需要坚持不懈地奋斗！

1968年王永民以优异成绩毕业于中国科技大学。

1978年王永民带病承担了"汉字编码"的研究任务。我们知道，用键盘向计算机输入文件时，键盘上只能输入拉丁字母、数字和某些符号。对于中国人来说，就需要一种适合中文的输入方法，直接输入汉字是不可能的，需要把汉字按一定规则编成代码，输入时只要输入代码就行了。

当时汉字的编码主要有：电报码，但需要死记硬背，一般人难于掌握；按拼音方式编码，但因我国各地方言发音有异，加上汉字本身同音字多，也不好普及，能不能发明一种新的代码呢？可是汉字有几万个，常用的汉字也有近万个，要编出一种人人易学、易掌握，又能快速输入的代码，也不是一件容易的事。当时很多人都在尝试汉字代码的编制，王永民也是其中的一个。他想到了利用汉字字形结构编码。这是中国文字的特点，也没有发音的问题。他发现汉字可划分成三个层次：笔画、字根、汉字。笔画组成字根，字根拼成汉字，而汉字笔画基本可分为五种：横（一）、竖（丨）、撇（丿）、捺（丶）、折（乛），由这5种基本笔画，又可以组成125个基本字根，这125个字根可以构成所有的汉字。

王永民把上万的汉字，抄成卡片，逐字拆分，归类分档。经过 5 年多的苦心研究，终于编制出了汉字五笔字型输入法。如果想输入一个汉字，把这个汉字根据字形，拆成四个代码，在标准的英文键盘上的英文键敲四个键位，就把这个字输入进去了。这种输入法的特点是：适应面广，不受文化高低或方言土语的限制，甚至外国人经过学习，也能按这种方法输入汉字，而且重码少，输入速度快，每分钟可输入 120～160 个字。

1984 年 9 月 1 日，王永民应邀到纽约，为联合国官员做技术报告和表演，得到许多人称赞，说汉字输入速度超过英文，实在可喜可贺。"五笔字型"经过推广、总结、创新、普及，已在国内外广泛使用，并获得美国和英国的发明专利，是我国第一个出口国外的计算机专利技术权。

我们用王永民的话来结束这段故事吧：

"我相信将来肯定会有更好的发明，更希望这些发明能全面超过'五笔字型'。"

27　神童盖茨计算机路上风雨行舟

——"软件大王"微软公司的创业

在美国西雅图私立湖畔高中，比尔·盖茨和同学们很热衷于寻找数字设备公司系统程序员的错误。很快，盖茨就开始评头品足起来了："看，××的程序又犯了同样的错误了。"

接着，他们就学会了一种"本领"：入侵别人的计算机。这就像扮成一只工蜂去侵入别的蜂房一样。

盖茨成了一个计算机窃密迷，他满脸稚气，举止彬彬有礼，但是，他却成了专搞电子恶作剧的大师。

没过多久，他就使得巴勒斯公司电脑系统失灵，使数据控制公司的程序崩溃了。盖茨乐得无法形容，而数据控制公司却怒不可遏。他们终于把盖茨抓住了，一个中学生，能怎么处罚呢？只好狠狠地教训他一顿。盖茨发誓再也不沾计算机的边了。

某种机会会改变一个人的生活道路。这时，英特尔公司制造出8008微处理机，并需要人编写程序。这时，微处理机刚问世不久，使用它的多为个人。公司代用户编好运行程序，也就是把运行指令一条一条地按一定规律写出来，以便计算机按要求完成计算和对信息的处理。

盖茨的同学艾伦又把盖茨说得回心转意了。盖茨搞到了360美元，买了一台微处理机，艾伦从大学回来了，盖茨从中学请了假，到英特尔公司去上班，任务是编写程序。

他们的年薪是3万美元，不过，他们对设计程序的兴趣比对存款的增加要高多了。不久，盖茨与他的朋友成立了微型软件公司，因为盖茨认为："将来每个家庭，每张台面上都会有计算机，所以微型软件大有发展前途。"

他们虽然没有念完大学，但已设计了许多程序。盖茨和艾伦为微处理机"阿尔塔"（牛郎星）编写了BASIC程序。"阿尔塔"是刚问世的第一种个人计算机，很受使用者欢迎，而BASIC语言是初学者通用的符号指令代码，是一种简单易学的计算机高级语言，盖茨为"阿尔塔"编写了这种语言程序，使其更受欢迎，促进了个人计算机的发展，为微型计算

比尔·盖茨

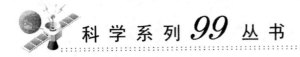

机的发展作出了贡献。

　　盖茨 24 岁时，已成为有名气的人物。由于个人计算机销路多，利润高，1980 年，生产大型计算机的 IBM 公司主动来敲微型软件公司的大门，愿与盖茨合作。IBM 公司是计算机行业的巨头，而微型软件公司是只有几十人的小公司，这足以说明盖茨的才能和影响有多大。为了如期交出软件，盖茨花了 5 万美元从一个程序员手中买来一个不很完美的"操作系统"（"操作系统"是计算机中管理和控制其他程序运行的软件）。微型软件公司的人员夜以继日地对它加工修改，最后提供给 IBM 公司，这就是 MS－DOS 软件系统。MS－DOS 软件系统很快就成为整个计算机行业微型计算机的标准操作系统，到 20 世纪 80 年代末，投入市场超过 3000 万套。

　　由于计算机的发展以及各公司的竞争，到 20 世纪 80 年代中期 MS－DOS 已显得陈旧。盖茨的公司又抢先推出 Windows（窗口）软件，它在 MS－DOS 的基础上又做了很大改进，使 IBM－PC 机能直接用手触摸在屏幕上显示的专门图形符号就可进行操作，也可以用一种"鼠标器"进行操作，不一定用键盘操作，所以大受欢迎。现在我们使用的个人计算机软件，就是 Windows 软件。在 1992 年，IBM 公司亏损高达 50 亿美元，而盖茨的微软公司却赢利十几亿美元，微型软件公司垄断了微型计算机软件市场，成了"软件大王"。现在的盖茨，已成为全世界的首富。

28　售价只有90英镑

——第一台袖珍电子计算机 ZX80

1982年，英国首相撒切尔夫人访问日本。

在宴会上，她送给日本首相铃本善幸一件礼物，是一台辛克莱微型个人计算机。撒切尔夫人在键盘上轻轻一按，荧光屏上立即显示出红白分明的日本国旗图案。铃木善幸看了这种新奇的计算机，十分高兴。

当时日本还不能制造这种计算机。这种计算机的存储器是英国的辛克莱设计的，容量大，可达85K字节。它的外部存储用的磁带盒的大小和一个火柴盒差不多，磁带宽1.9毫米，长5.8米。宽度仅为盒式录音带的一半，可是它的转动速度却达到76厘米/秒，是通常使用的高保真录音带的两倍，找一个数据只要5秒，而以往的机器要好几分钟。这种计算机的特点就是体积小、重量轻、速度快、容量大。所以，人们将它称为袖珍计算机。

这台袖珍计算机的发明者辛克莱，从小就很聪明。他的父亲是一位工程师。他13岁时，已经能自己组装收音机了，还设计了一台比火柴盒还小的收音机。他的父亲见到后，感到儿子很有前途，就鼓励他向这方面发展，假期还给他在一家实验室找了一份工作。

辛克莱17岁中学毕业后，未再上大学，他热衷于电子技术，靠的全是自学。1962年，他借到了125美元，开办了一个电子公司。5年之后，这个公司的营业额达到25万美元。1979年，他建立了辛克莱研究公司，专门研制微型计算机。当时大多数微型计算机是美国制造的，每台售价1000美元。辛克莱认为应该打破美国的市场垄断，发展英国的微型计算机，而且微型计算机适合工厂自动化、办公室自动化和家庭自动化，它的应用范围会越来越广泛。1980年，他设计制造出世界上第一台袖珍型个人计算机——ZX80微型计算机。

ZX80微型计算机使用的元件数仅为相同性能商用计算机的十分之一，整机的体积和袖珍打字机一样，重量只有0.34千克，当时的售价为90英镑（200美元），是第一种售价低于100英镑的个人计算机，因而一投入市场，备受欢迎。

辛克莱是一位多产的发明家，他还发明了英国第一只电子表、袖珍电视机等。

29 靠别人设计自己的产品

——便携式奥斯本—1型计算机

1981年4月，美国西海岸计算机博览会上，奥斯本—1型计算机展室里挤得水泄不通，这种计算机有顾客所需要的各种软件，标价才1795美元，所以深受欢迎。身材魁梧高大的奥斯本洋洋自得，但这种计算机却不是他自己设计的。

亚当·奥斯本出生在曼谷，父母都是英国人，他是化学工程师，但是喜欢计算机，常为一些杂志写一些计算机方面的文章，还写了一本《微型计算机入门》的书。在美国硅谷，有一个俱乐部叫"自己制造计算机"，他常去那里卖自己写的书。后来奥斯本开办了一个出版社，不过很不景气，几年后他又卖掉了出版社。奥斯本只好找其他的工作。1980年的一天，他突然灵机一动，想制造一种能到处携带的计算机。

奥斯本找到"自己制造计算机"俱乐部的主任李·弗尔森斯坦，说了自己的打算。弗尔森斯坦很支持他。

弗尔森斯坦 20 世纪 70 年代初毕业于加利福尼亚大学，他设计过计算机的接口，并担任过处理机技术公司顾问。

弗尔森斯坦为奥斯本设计了计算机硬件：采用 Z－80 微处理机，它的存储容量为 64K，还有两个磁盘机。因显示屏小于 12.7 厘米，所以，采用了一种特别的方法，把大屏幕所显示的信息存储起来，再用按键控制逐渐分段显示出来。为了保证计算机掉在地上也不坏，里面加了减震器。机器设计得很小，可以放在飞机乘客座椅下面。

奥斯本找到了盖茨，将奥斯本公司股票送给他作交换，请盖茨设计 BASIC 语言程序。他又请来了理查德·弗兰克设计电子表格程序：计算机内存储一些表格数据，使用时，计算机屏幕就像一个窗口，窗口在表格上移动，就可看到一张大表格的一部分。于是，实际上是由许多人设计的奥斯本－1 型便携式计算机制造出来了，所以，这不能算是奥斯本一个人的创造，而是借用了他人的智慧。然而，这种小型计算机经济实用，它在市场上取得了极大成功。1981 年 9 月，奥斯本计算机公司的月销售额首次突破 100 万美元。

奥斯本－1 型计算机只是便携式计算机的一种。便携式计算机有较大的可移动型、中等的膝上型、很小的掌上型（即超微型）等几种。

30 一个大孩子的"思想机器"

——并行处理计算机

1981 年，29 岁的丹尼·希利斯在美国麻省理工学院读研究生，博士论文的题目是研究智能机器人的手。希利斯负责研制的机器人手，是用计算机控制，上面装有256个传感器，要求它能识别螺丝、螺栓、螺母和垫片，还能识别一个东西以前是否接触过。这一切要求如果能有一台有智能的电脑进行运作，该多好，但是还没有。希利斯在制造机器人手时，经常抱怨计算机运算速度太慢，没有一点智能，很不灵活。渐渐地他萌发了一个想法，如果将数千个微型计算机并联起来，让它们各自同时去解决一个问题，这样就可以建成一个类似人脑的功能很强的新型计算机了。

以往的计算机，一般都是所谓诺伊曼型的，也就是计算机的中央处理机与存储器之间，只有一条通路，运算只能按照程序，依次一条一条串行执行指令，所以称为串行计算机。而希利斯设想的计算机，称为并行计算机，它可以并行执行同一条指令。希利斯认为，这样的计算机各条指令可以独立运行，不必等待中央处理机对各个指令的"排队"，运算速度可以非常快，能达到每秒1万亿次。由于各项指令几乎可以在同一瞬间得到处理结果，因而也就达到了具有一定的智能。

根据这一设想，希利斯创办了一家思想机器公司，网罗了一大批知名的科学家和教授。他们是：麻省理工学院前院长肯尼迪与约翰逊，两任总统的科学顾问威斯纳，麻省理工学院著名教授、人工智能权威之一的明斯基，诺贝尔物理学奖获得者理查德·费伊曼等。他们各自贡献出自己的才能与智慧，共同研制这一新设想的、可称之为思想机器的并行计算机。当时的希利斯才只是一位年方30岁，正在攻读博士学位的学生，因而他们共同研制的计算机被称做是"一个大孩子的思想机器"。

在20世纪90年代初期，希利斯的机器公司展出了第一台并行处理计算机。虽然这种计算机还没有达到他的预定目标，但是，首批4台计算机都安装到用户的使用现场了，并且受到好评。

思想机器公司制造出来的并行机，用了32个微处理机，可以同时处理一个问题。希利斯还与麻省理工学院研究人员建造了一种运行网络，用来保证整个机器不会因某台处理机出现故障而影响整个计算机的速度和功能。

接着，希利斯的思想机器公司和世界上最著名的 IBM 公司结成了伙伴，努力发展并行机。

　　并行机是相对串行机而言的。串行计算机传送信息是按顺序排成一串，一位一位地向前传递，好像人们练操时一路纵队前进；操作方式也是按顺序排队一位接一位地进行运算。并行计算机则是采用并行传送信息的方式，这好像人们练操时一路横队并肩前进。而操作方式也是采用并行的，即做算术和逻辑运算时，两个操作方式可以同时进行运算。串行机结构简单，但运算速度慢。并行机结构复杂，但并联的基本器件多，运算速度也很快。

　　并行计算机的结构与人脑结构相似，很多相同的部件交叉联接，可以执行多个指令，或对多个数据进行处理。希利斯把这种并行计算机又叫做智能电脑，智能电脑不但运算速度快，更主要的是它理解语言、识别图像、思考问题、逻辑推理等功能更强了，更接近人脑，因而，也可将这种智能电脑称为"思想机器"。

　　并行处理计算机主要分为两种类型：一种是由一个中央处理器来同时执行多条指令或同时处理多个数据项的计算机；另一种是由多个中央处理器来同时处理一个任务或同时处理一个数据项的计算机。

　　并行处理计算机是有发展前途的非诺伊曼计算机系统。

31　比人的智力还差得远呢

——第五代计算机

　　1981 年，日本制定了发展第五代计算机的计划，日本政府、产业界和学术界组成了专门的研究机构，筹资 1000 亿日元，原准备用 10 年

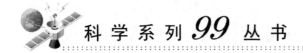
的时间进行研究开发。

日本提出的第五代计算机是智能计算机，它突破了前四代诺伊曼机的结构原理，具有三个特点：①有智能接口，也就是能听懂人的自然语言、声音，能看懂人写的文字及各种图像，有说话能力，能和人直接对话；②有知识库管理功能，它具有能够汇集、记忆、检索有关知识的能力，还能够不断学习新的知识；③有推理功能，能根据自己存储的知识，进行思考、联想、推理，以便解决复杂问题。

日本大力研究开发，取得了很多成就，到20世纪80年代末期已达到了很高水平。1988年11月在第五代计算机第三次国际会上，日本还用研制的第五代计算机做了表演。计算机对日本小学教科书中的一篇课文做了处理，能回答出要学生考虑的问题。不料到1992年夏天，日本却正式宣布，终止第五代计算机的研究计划。这表明，长达10年之久的第五代计算机的研究没有成功。日本计算机专家说，在10年内研制出这样高智能的计算机是不可能的，现在功能最强的计算机仍达不到6个月婴儿的智力水平。

为什么会作出这样的结论呢？因为许多科学家经过研究认为：人脑有140亿个神经元和10多亿条神经，每个神经元又和数千个神经元交叉相联，而一个神经元可以与一台微电子计算机相比。目前要制造出像人脑这样复杂的计算机是不可能的，而且人脑到底是怎么巧妙地工作的，也还没有完全弄清楚，所以，人的智力比计算机高得太多了，而计算机的智力可以说还太低。

不过，科学家们并不灰心，仍然一直不断地研究开发更高级的计算机。如研究开发神经计算机。它模仿人脑的神经结构，能认识辨别物体，能听懂声音，有学习能力，是"人工智能"计算机，也有人称其为第六代计算机、"人工大脑"。这种计算机的研究已取得了很多成果。

科学家还在大力研究开发一种生物计算机，也就是用蛋白质"集成块"制成的计算机。一平方毫米芯片上可容纳数亿个电路，生物计算机体积小，它的存储能力可达一般电子计算机的10亿倍；它传递信息速度比人脑思维速度快 100 万倍；它能自我修复，可靠性高；可采用基因工程方法进行生产，成本低。

科学家还在研究开发一种光计算机。光速和电子移动速度一样快，而且不必用导线，光线相交时也丝毫不会相互影响。所以，光计算机传递信息密度是无限的。一块直径为 5 分硬币大小的棱镜，它通过信息的能力，超过全世界现有全部电话电缆的许多倍。光计算机速度高、容量大。

还有几种其他类型的计算机正在研究开发中。计算机的发展是无限的，现在的计算机距人们要求的还差得远呢，正等待着你去开发。

再说，科学家认为计算机的智力水平，也不能仅仅用生理上的反应去作简单的对比。已有的计算机在许多方面确实还表现出它具有高超的智力。

32 有高超本领能打假

——计算机是分析推理专家

1976 年，英国《泰晤士报》登出消息和广告，声称发现了 300 年前莎士比亚未发表的作品，即将大量出版。莎翁是卓越的艺术大师，几百年来，他的作品一直享有极高的声誉。于是，莎士比亚的遗作销售情况空前，出版商的钱包顿时变得鼓鼓囊囊的。

没过多久，出版商被指控伪造莎翁作品牟取暴利。发现这一作品不是莎士比亚的，其功劳应归功于计算机。原来，剑桥大学有两位教师，利用计算机研究了《莎士比亚全集》，分析了莎士比亚写作用语的特点。然后，他们又把这次所谓新发现的作品输入到计算机中，进行分析、对

照。结果他们发现，新出的这一作品，很多地方和莎士比亚的风格完全不同，表明它完全不是莎士比亚所写的。由于计算机的高超分析，才揭穿了这个大骗局。当然，伪造者身败名裂，出版社倒闭。

计算机不但有高超的分析能力，而且有很高的判断能力，它可以干不少"智力工作"，比如进行数学定理证明。早在 1956 年，美国卡内基·梅隆大学与兰德公司协作组用计算机成功地证明了《数学原理》一书中第二章 52 条定理中的 38 条定理。《数学原理》是著名数学家罗素和怀特海的名著。

1976 年，美国数学家阿佩尔和哈肯用计算机成功地证明了"四色猜想"。数学家早就猜想：平面上的图形，用四种颜色着色，就会区别开来，相邻的不会有重色。这一猜想，人们一直用手工证明，未证明出来。而有人用计算机却把它证明出来了。中国著名的数学家吴文俊证明，初等几何中的主要定理都可以用计算机进行证明。1980 年，吴文俊教授用计算机发现了两个几何学新定理。

计算机除了计算速度快，计算精度高，又具有可存储大量数据资料的优点，还具有一个特点，就是它具有逻辑判断和推理的功能，所以，它可以完成复杂的任务。上面我们所讲的，用计算机进行分析推理，就是其应用的一个方面。计算机还可以用来控制生产过程、驾驶车船、驾驶飞机、控制机器人、辅助学习、辅助设计、诊治疾病、翻译语言、处理文件、识别图像、识别语言……

由此可以说明计算机确实可以代替人干一些所谓的智力工作。

33 设计人员的好"助手"

——计算机辅助设计

计算机辅助设计是用计算机帮助设计人员进行设计的专门技术。还是讲一个小故事作为开头吧。

一位年轻的美国企业家在香港逗留期间，定做了一套西服。归国途中，他想能不能用计算机去迎合顾客心意，大批量地定做服装呢？后来他召集了一批软件开发者，研制出一种用于制作牛仔裤的软件，并到"里弗埃"裤子公司，请公司进行营销试验。销售商测量出顾客的4个基本尺寸，输入计算机，由计算机设计出最好的式样，顾客还可以任意选配牛仔裤的颜色。之后，定单就通过计算机网络发送到"里弗埃"加工厂，只需两个星期，顾客就可得到称心如意的牛仔裤。这种计算机设计能使人得到成千上万种尺寸各异的牛仔裤。以往的产品只能适合70种体形，而美国妇女选购一条牛仔裤通常要试穿15条才能选到满意的。现在顾客不必那样费神，就可得到满意的裤子了。

计算机辅助设计系统主要由计算机主机、输入装置（键盘、鼠标、光笔、数字板、扫描仪等）、显示器、快速绘图机、数据库以及程序软件等组成。用计算机辅助设计系统，方法是设计人员用输入装置把设计需要的数据和要求输入到计算机中，就可以在显示器上看到设计出来的产品。它是立体的，很清晰。图样可以进行放大、缩小、平移、旋转，以便从各种角度观察所设计的产品，并按照设计人员的要求进行修改，直到满意为止。计算机不仅能给出最好的设计，而且能控制绘图机画出产品的总体图、部件图、零件图……

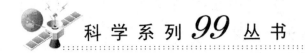

有人提供数据证明，用计算机辅助设计，可降低工程设计成本15％～30％，缩短产品设计周期30％～60％，降低废品率80％～90％，设备利用率提高2～3倍。所以，它应用十分广泛，不仅表现在生活中的服装设计上，还可以应用在某些高新技术的设计，如设计飞机、汽车、印制线路板、电子产品，等等。

20世纪90年代中期，波音777客机飞上了蓝天。波音777是世界上第一架全部由计算机设计的客机，是采用巨型计算机处理了4万亿字节（bit）的数据才完成设计的。

以设计飞机中的某一个部件来说：飞机设计师要在立体范围模拟机翼的"空气动力学扰流"，给计算机输入的计算"网目"数多达100万个，如果对整个飞机进行模拟，输入计算的"网目"数高达几千万个。而计算"网目"需解高阶方程式，这就要求用巨型计算机进行数量特别大的计算了。

用计算机不仅可以设计主要构件和安装系统，进行数学模拟计算，而且还可以对复杂部件进行"预装配"，检查驾驶员操作环境和机械师维修环境。用计算机进行辅助设计，不用生产飞机样机，就可以检查各种环境，防止设计中的失误。采用计算机辅助设计可以提高装配协调精度，可精确到小数点后6位数。波音777从机头到机尾长63米，误差只有0.6毫米。采用计算机辅助设计，有利于全球协作，有利于"并行作业"。波音777有13万种零件，分别由13个国家的60家工厂生产，如果不用计算机进行设计，其协调工作就是很复杂的问题。

智能化计算机设计、语音控制的计算机辅助设计，都是计算机的发展方向。现在人们还正在发展电子自动设计。

34　破世界纪录的秘密

——计算机教练员

　　1976年，在蒙特利尔第二十一届奥运会上，只见美国运动员马·威尔金斯将铁饼奋力一掷，掷到了67.5米。威尔金斯不仅获得了掷铁饼冠军，而且打破了世界纪录。人们在兴奋之余，不免有点纳闷，因为在这次比赛的前不久，他的成绩还是65米。这一次，他一下子就把成绩提高了2.5米。

　　原来，这里面还有一个小秘密呢。

　　在美国的奥林匹克训练营中，有一个科托研究中心，专门用计算机帮助训练运动员。方法是：用高速摄像机，拍下运动员训练时的图像，再把这些图像显示在银幕上，并用电子笔输入到计算机中。计算机对运动员的动作、用力程度、身体协调情况等进行综合分析，找出问题，分析运动员还有多大的潜力，应如何练习才能提高水平。

　　科托研究中心的计算机系统是由一位叫艾里尔的人研制的。

　　艾里尔原先也是一位运动员，1964年，还代表以色列参加了奥林匹克运动会。他一直想利用一种新的技术设备帮助运动员提高成绩，他想到了计算机。他后来上了大学，并获得了计算机专业的博士学位。接着，他到了美国奥林匹克训练营，成立了科托研究中心，专门研究分析运动员的训练状况，帮助运动员找出动作中的不合理姿势，发掘运动员姿势中可以开发的潜力。

　　艾里尔用计算机分析了威尔金斯掷铁饼的录像，发现他掷铁饼时腿部用力太大，所以，就分散了他投掷的力量，于是研究制订出合理的训练计划。计算机还预测了威尔金斯最好可以掷出 70 米的成绩。

艾里尔要求威尔金斯尽量减慢躯干和腿部的冲力，加强手臂的力量和快速出手。

威尔金斯按照艾里尔的指导进行训练，很快提高了成绩，于 1976 年创造了世界纪录。

科托研究中心还搞了一个优秀运动员计划，集中研究美国最拔尖的男女田径运动员，把他们在比赛中的每一个动作都拍摄下来，并测量每一次呼吸和心跳。他们还把卡尔·刘易斯跳远动作拍摄下来，每秒拍 2000 个镜头，把这些图像显示出来，作为训练运动员的样板。他们用计算机对运动员的动作进行分析，看比赛时动作有没有变形，如何纠正；看训练强度及训练量够不够，如何提高；用计算机帮助拟定训练计划，预测运动员的成绩水平。后来美国田径运动员在各种比赛中，取得很多好成绩，和计算机教练员是很有关系的。

35　棋盘上比高低
——计算机弈棋

计算机问世以后，有人就问：机器有思考能力吗？1959 年，美国工程师塞缪尔给计算机编制出下跳棋的程序。结果，计算机战胜了他本人。这说明，计算机按照人给的程序，有一定的智力活动能力。

1970 年，在美国举办的国际象棋锦标赛上，计算机首次参加了比赛，博得观众的支持和赞扬，从此，计算机就不断地参加国际象棋比赛。

1979 年 10 月，在美国底特律市举行的国际象棋比赛中，有 12 台计算机参加了比赛，最后由"国际象棋4·9"和"公爵夫人"决赛。在以前的几届比赛中，"国际象棋4·9"老是失败，这次经过重整旗鼓，决心报一箭之仇，这两个计算机棋手经过了4局激战，最后"国际象棋4·9"取得了胜利。国际象棋大师大卫·利维想见识见识"国际象棋4·9"的水平，亲自出马与这位计算机棋手进行了一场比赛。

这是一场扣人心弦的精彩比赛，经过50个回合的激战，大卫·利维才战胜了"国际象棋4·9"。

"国际象棋4·9"和"公爵夫人"都是事先编好程序的计算机

机器人与人弈棋

棋手。

后来，计算机弈棋更进一步发展，出现了弈棋机器人。开始的弈棋机器人是通过计算机屏幕与人进行弈棋的：计算机屏幕显示出棋盘及双方棋子的位置，人看着屏幕用键盘输入自己棋子的走法，计算机经过思考，再给出相应的走棋，并在屏幕上显示出来。就这样一步一步走下去，直到一方获胜为止。后来出现的弈棋机器人有了一个手爪和一台摄像机。对弈时，摄像机就是弈棋机器人的眼睛，它可以看到棋子的布局，根据对方的走法，利用计算机程序中记忆的许多弈棋大师的棋谱，考虑应如何走下一步，然后，计算机命令手爪移动棋子。

机器人弈棋为了赢对方，每走一步棋要考虑后几步棋子的可能走法，并选出最好的一种。比如，"国际象棋4.9"每走一步棋就要考虑这一步棋后可能出现的32种走法，如果走5~6步棋，就要考虑10亿多种走法。这就要求计算机运算速度快、有编制优秀的高级程序。

36　5万美元奖金

——计算机弈棋能战胜人吗

1980年5月，美国的卡内基·梅隆大学贴出一张布告：若计算机能战胜国际象棋世界冠军，就奖给编制程序的人5万美元。有的专家说，2000年以前肯定会有人能编制出更高级的下棋程序，使计算机战胜人，有的则认为不可能。

1988年1月，在巴黎记者招待会上，有人问苏联国际象棋世界冠军卡斯帕洛夫：

"您看2000年以前计算机能不能击败特级大师呢？"

卡斯帕洛夫很自信地答道：

"这绝对不可能！如果有哪一位特级大师与计算机弈棋时遇到困难，我将乐意为他出主意。"

但是，10个月之后，在加利福尼亚州长滩举行的一次国际象棋比赛中，计算机棋手"深思"击败了前世界冠军争夺者、特级大师本特·拉尔深，和特级大师迈尔斯并列冠军，由于计算机棋手不能领取奖金，所以，10万美元奖金全归迈尔斯了。但一年之后，"深思"又战胜了迈尔斯。

到1990年为止，计算机棋手"深思"共与10名特级大师进行过比赛，下成了平手。美国棋联按国际象棋等级标准估算"深思"的棋力等级分数是2552分，世界冠军卡斯帕洛夫是2780分，中国的谢军是2480分。

计算机棋手"深思"是由卡内基·梅隆大学的4位研究生设计的。它的运算速度当时已达每秒200万次。设计者说，如果它的运算速度达到每秒10亿次，它就可以战胜一切特级大师。

卡斯帕洛夫认为，到那时，它可能击败一些特级大师，但是不包括卡尔波夫和他本人。

卡斯帕洛夫认为："人类的创造力和想象力，特别是我自己的创造力和想象力，必定能战胜仅仅由硅和导线组成的机器。"他所说的"硅和导线组成的机器"，指的就是计算机。

1992年，久负盛名的"深思"与卡尔波夫较量。最初50招内，"深思"一度占上风；但卡尔波夫放出诱招，"深思"贪吃，最后被卡尔波夫击败了。

计算机的智能在发展，人的智能也在发展。计算机将来能否胜过人，这是一个一直在争论的问题。但可以肯定地说，在目前，计算机的智能是无法超过人的智能的。

37 "人机大战"起风波

——计算机智力评说

参加设计"深思"计算机棋手的美籍华人许雄峰，从卡内基·梅隆大学毕业后，进入 IBM 公司。他与谈君健（美籍华人，IBM 公司很有资历的计算机专家）等 6 人，共同设计了超级计算机棋手，叫"深蓝"。

1996 年 2 月，在美国计算机协会庆祝计算机诞生 50 周年之际，"深蓝"与久负胜名的国际象棋冠军卡斯帕洛夫进行了 6 盘较量，卡斯帕洛夫以 3 胜 2 平 1 负的成绩获胜，获 40 万美元奖金。

1996 年时，"深蓝"已是超级计算机，它是由 256 个处理器连接在一起工作的。它在 3 分钟内（国际象棋每走一步棋允许的思考时间）可以计算搜索 500 亿～1000 亿步走法。它有强大的数据库，收集了百年来国际象棋大师的棋谱，并有开局和残局数据库。当残局下到只有 5 个棋子时，残局数据库启动，可提供几十亿种走法供计算机作参考。

1997 年，"深蓝"的功能更高了，它的运算速度提高了一倍。为了对付卡斯帕洛夫，IBM 公司组成了由国际象棋大师组成的 6 人专家组，专门研究"深蓝"如何才能战胜卡斯帕洛夫。他们研究走棋策略，制定新的技术，再给"深蓝"编制新的程序。

1997 年 5 月，"人机大战"中，计算机"深蓝"以 3.5 分比 2.5 分的战绩战胜了国际象棋世界冠军卡斯帕洛夫。这以后，很多人说，计算机战胜了人，智力太高了，甚至提出怀疑，将来计算机会不会成为人类不可战胜的敌人呢？

有这样的想法是很自然的，因为卡斯帕洛夫的名气太大了，他是公

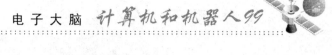

认的世界棋王，曾多次与一些国家代表队比赛，一人与多人同时对弈，并均获胜。他的棋艺在世界上是最高的。

但我们说，计算机尽管战胜了国际象棋世界棋王，但它的智力比人还差得远呢。专家普遍认为，计算机的智力在总体上大致相当于婴幼儿水平。就以"深蓝"来说吧，它所使用的程序，是根据很多大师的经验，经过反复研究才编制出来的。这说明，计算机战胜卡斯帕洛夫是众人战胜少数人智慧的结果。

计算机有它的优点，比如不会疲劳，没有"情感"波动，并且一般不会算错。在"人机大战"中，卡斯帕洛夫在第二局中，是可以和棋的，但他却错误估计了形势，主动认输了。

我们不能因为卡斯帕洛夫一人之输赢，就给人和计算机的智力高低下断语。我们相信，人的大脑是千万年进化来的，它是非常微妙、非常神奇的。今天，我们人类对自己大脑还没有完全研究清楚，在这种情况下，仿照人脑制造的计算机，智力比人脑智力还要高，这是不可能的。

当然，多少年之后，人类造的东西会不会胜过人类自己，这不好说，只好等到那时用事实来说明吧。

38　20 世纪诊断技术的一个重大成就

——计算机 X 射线断层扫描仪

医院里用得最多、最广泛且效果很好的一种诊断仪器 CT，全称叫做电子计算机 X 射线断层扫描仪。它的发明还有一段故事呢。

一个偶然的机会，把科马克与一项重大发明联系起来了。科马克出生于南非，1950～1956 年在开普敦大学任物理学讲师。按南非法律，

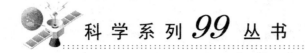

医院给病人进行放射治疗时，必须有物理学家负责监督。1956年上半年，该市一家医院担任这项工作的人离职而去，科马克受聘兼任这一工作。工作中，他发现医生计算放射剂量时，是把人体组织按均质对待的。事实上这种方法不科学，他想改正这一错误，就必须弄清X射线在人体中吸收系数的分布。

科马克在工作之余，断断续续研究这个问题达6年之久。1963年，移居美国已多年的科马克研制了第一台CT原型机。后来他又根据实验和计算结果发表了论文，可是这一成果当时并没有引起人们的重视。

再说英国电器工程师豪斯菲尔德，他从小就是一个电子迷，第二次世界大战期间曾任英军雷达教官，战后毕业于电器工程学院。他想设计一个能识别印刷体的计算机，由此而引起他对X射线新技术研究的兴趣。

豪斯菲尔德考虑到可以从不同角度测出人体对X射线的吸收系数，然后利用计算机将测量结果重新构成一张照片，就可以把人体某一器官的各个部位一层一层地区分开来。他用X射线作放射源，将很灵敏的探测器放在实验物的两边。实验物体每转1°就扫描一次，把探测器的28000次测量信息加以数字化，输入计算机进行处理，于是得到一张三维立体图像，可以帮助大夫准确判断病人出毛病的肿痛位置。第一代CT终于在1972年问世，并进行了临床实验。

CT是20世纪以来诊断技术最重大的成就之一，两位发明者获1979年诺贝尔医学奖。本来，评选通过的名单中，原先准备将该年度的医学奖授予三位对免疫遗传学贡献巨大的学者。但在最后审议时发生了激烈的争论。最后，原先的选择被否决了，委员会决定把奖金授予科马克和豪斯菲尔德，以至评选结果不得不推迟一小时才宣布。

现在CT已成为医院中很重要的诊断设备。利用CT检查疾病，图像清晰，分辨率高，可显示人体器官的病变，很方便、迅速、安全。由于CT能获得一连串相邻截面的照片，相当于将病变部位切成一片片逐一检查，故能准确测定病变的主体位置和大小，真是妙不可言。

CT 在医疗手术中，同样得到了广泛的应用。

39 用计算机找回失踪的儿童

——计算机增龄成像

1982 年 9 月，在美国亚特兰大，一个一岁半的小孩福尔默失踪了。三年后，纽约的概念艺术家南西·伯森和计算机专家戴维·克拉姆里克发明了一种计算机增龄成像系统。他们将福尔默 6 个月时的照片进行了增龄处理，给出了他 5 岁时的模样。美国国家广播公司播出了这幅相片，并做了寻找福尔默的广告。很幸运，福尔默被找到了。

这种增龄成像系统为什么能画出一个人几年以后的相貌呢？

原来计算机通过激光扫描相片，可以把一个人的相貌转化成很多数据，再把这个人的父母兄弟姐妹的相貌特征，也转化成数据，计算机通过这些数据，再根据人生长的特点（如头发、眉毛、眼睛、鼻子、嘴、皮肤等变化），自动画出几年以后的相貌来。这是一种模拟成像的技术，画出的像和真实的变化差不多。这套程序叫做电脑增龄成像系统。

用这种电脑增龄成像系统找回的失踪儿童，不止是福尔默一个。

用这种电脑增龄成像系统，还可以画出任何人到了 70 岁以后的老年相貌。

这方法同增龄成像的方法一样，计算机屏幕上显示出一个人现在的相貌，然后根据这个人的家族相貌衰老特征，如皱纹、白发、秃头、松弛的肌肉等。计算机的软件会根据已存储的图像数据，还有新加进去的这些特征，画出这个人老了之后的像，并且将它显示在屏幕上。这种电脑增龄成像系统为不少名人画了他们 70 岁以后的画像呢！

只要装上不同的软件，计算机可以做很多事情，比如可以给人设计发型、服装、服饰等。现在国内的很多商场里面，就有这样的计算机设计服务：一位女士坐在计算机前，计算机通过摄像之后，根据她的脸型，能够为她设计几十种不同的发型，配带上不同的首饰、项链，通过屏幕显示出来，十分清楚。最后还能打出样片来供本人比较选择。

40　计算机也有"眼睛"

——各式各样的扫描仪

1996年美国有一个陪审团裁决，让数字设备公司向3名妇女赔偿600万美元。这3名妇女是使用了这个公司生产的键盘，致使胳膊和手腕受到了伤害。有不少人因为常使用键盘，造成腕鞘综合征，或者因为长期重复而紧张地敲击键盘而受到伤害。

为取代频繁重复的键盘输入，现常用扫描仪。有人把扫描仪看做是计算机的眼睛。现在，扫描仪逐渐普及开来，使用范围日益广泛。它可以把文字和图形直接输入到计算机中。

扫描仪配上应用软件，可将资料放大、缩小、旋转、编辑，扫描后输入到计算机里。这多么方便。更方便的是，利用较高级的软件，可以识别手写的文字，输入到计算机中。不过，如果手写得太潦草，或令人无法认识，扫描仪也是无法正确辨认出来的。

扫描仪应用非常方便，使用范围广，所以发展很快。有人称它是计算机系统中，继计算处理机、打印机之后的第三大件。

扫描仪本身就是一种光、机、电一体化的高科技产品。它包括四大部分：扫描头、主板、机械装置及附件。扫描头是由线状光电耦合器件构成，是"眼睛"，扫描头的作用是拍摄待输入的图像。扫描仪的主板包括中央处理器、模数转换器、接口等，它的作用是把扫描头"看"到的图像变成数据，送入计算机中。

扫描仪有黑白扫描仪、彩色扫描仪等。彩色扫描仪有一个指标叫彩色位数，表示扫描仪对色彩分辨的能力。现在通常用的是 18 位、24 位、30 位、36 位，位数越大，分辨力越强，扫描输入的图像品质越好。

扫描仪又分为手持扫描仪、平板式（滚筒式）扫描仪、大幅面扫描仪等。

手持扫描仪多是黑白扫描仪，分辨率为 100～800DPI（每英寸点数）。手持扫描仪体积小，操持方便，价格便宜，多是用来检查输入标志、徽记等。

大幅面扫描仪主要是用来输入黑白工程图纸，也用于计算机辅助设计、测绘、勘测地理信息的统计等。

平板式扫描仪用得最多，用在办公、广告、印刷等方面。高速滚筒式扫描仪是目前最好的一种扫描仪，常常用于激光照排系统。

现在家庭计算机也越来越多地使用扫描仪了。因为使用扫描仪可以省去敲打键盘，也不用紧张地控制鼠标。所以，敲打键盘"技能较差"的人也可同样使用计算机。另外，扫描仪有编辑功能，如果配上高水平的手写文字识别软件，那就使得向计算机输入资料更方便和容易了。

可以想象，用不了多久，扫描仪会更美妙、更好用。

41 帮助残疾人自强不息

——声控计算机

用声音控制进行工作的计算机，就是声控计算机。这里先讲一个法国女超人发明声控计算机的故事。

玛蒂娜的父亲从小就得了小儿麻痹症，但是他却热心帮助残疾人，发明了一种可供残疾人使用的不用脚踏刹车的汽车。玛蒂娜受父亲的影响，在中学时代就发明了一种供残疾人使用的声控电子装置，可以帮助残疾人用一只手驾驶汽车。可惜，这个装置太大了，塞满了整个汽车车厢，不能使用。她决心发明声控计算机。

玛蒂娜顽强学习，掌握了 7 种语言，这更有助她去搞发明研究。终于，在 1985 年，在美国斯坦福大学学习期间，她展示了她发明的声控计算机。由人发出命令，计算机听到命令之后，按照人的命令发出控制信号，可以驱动轮椅运动、调节电视节目、打开房间的百页窗等。玛蒂娜的发明成功了，参观的人排队和她握手表示祝贺。人们称玛蒂娜是法国的女超人。

声控计算机现在有了很大发展。

现在国外有一种能接受人口头指令的新型计算机软件，叫"魔术师Warp4 系统"。用户使用这种程序软件，头上戴上耳机，在计算机上插上声卡，用户用声音就可以控制计算机了。比如，在互联网上浏览时可以口授指令，让计算机打印出文件。不过，口授声音指令或读文件时，还不能读说得太快。也就是说，声控计算机目前还只能识别间断的词语。尽管现在是用不连续的语句进行口授，但所花的时间仍然比用键盘输入所用的时间要少。口授时输入的正确率在 95% 左右。

苹果计算机公司研制出一种声控计算机，它能识别口头命令，还能回话。它识别人口头命令能力更高了，能够识别人连续说的话语。它根据人口头命令完成工作，比如改变打印文件字体，重新打印文件，安排录像节目，支付账单，查电话号码，叫电话等。

盲人或上肢瘫痪的病人，很需要声控计算机。1996 年据报道，哈佛大学学生布鲁克是一位严重瘫痪的病人，自颈部以下全部瘫痪，连呼吸的肌肉都不能动，是靠嘴含呼吸器进行呼吸的。她完成作业、写报告，除口授由母亲抄写外，就是利用声控计算机来完成的。声控计算机是残疾人的有力"助手"。

42 胜似登月球的一步

——计算机使她重新走路

美国的阿拉巴马州有一位名叫波丝的女学生，去参加同学的聚会，在回家的路上，因为酒后开车，与其他汽车相撞，发生了车祸。她的下肢失去知觉而瘫痪，原来是大脑和腿之间的神经联系断了，大脑的"命令"传不到腿部的神经上面，腿就不能运动了。

当时有一位年轻的博士叫比特洛夫斯基，他是拿特大学一个研究所的研究员，正在研究用计算机控制人的下肢。他找到波丝，请她与自己配合，共同进行一项实验。

开始时，比特洛夫斯基给波丝每条腿上绑上 3 根电极，电极再与计算机相联，计算机能够接收到波丝的大脑的脑电波。他让波丝骑在三轮车上，大脑里想象着两条腿正在交替地蹬三轮车脚蹬。她的脑电波被计

算机接收后，变换成一种信号。信号能使电极的电流随信号变化而变化，去刺激波丝腿上的肌肉。开始波丝的腿没有反应，后来，经过不断地练习，波丝的腿开始听话了，三轮车真的被波丝用腿蹬转了。波丝激动得流下了眼泪。

这项实验，比特洛夫斯基已经研究了 10 年。他发现人步行的时候，每条腿和脚有 30 多块肌肉起作用，而蹬三轮车时，只有 3 块肌肉起作用。所以，比特洛夫斯基只给这三处绑上了电极，先让波丝蹬三轮车。比特洛夫斯基成功了，也可以说，波丝也成功了。经过一段时间的训练，波丝能骑着三轮车在校园内走动了。

后来，比特洛夫斯基在波丝的腿上绑上了更多的电极，让她练习走路。1986 年 11 月 11 日，波丝在计算机的控制下，站了起来，并且自己行走了 5 步。波丝激动得大声叫了起来："太好了，我这一步是人类伟大的一步。"

比特洛夫斯基用计算机代替人脑控制人体肌肉运动的实验，具有很重要的现实意义。这无疑对残疾人会有很大的帮助。

人们记得 1969 年 7 月 21 日，美国的"阿波罗"11 号飞船载着 3 名宇航员拜访了月球。当宇航员阿姆斯特朗走出登月舱，在月球上迈出第一步时，他兴奋地说："……对人类来说，这是巨大的一步。"

美国人认为比特洛夫斯基运用电脑使失去行走能力的人重新迈出他的脚步，是足以与 20 世纪人类第一次在月球上迈出第一步的壮举相媲美的。

43 小偷"教"他发明计算机提箱

——计算机防盗箱

1988年5月，广州火车站。海南省科技厅一家科技开发公司的工程师宋永生，穿过熙熙攘攘的人群，来到车站售票处。他把手中的提箱放到脚跟前，从衣兜内掏出钱，买了一张北上的车票。当他弯腰想把箱子提起来时，他大吃一惊，箱子已经不翼而飞。他东寻西找，也没找到。宋永生十分懊恼，十分生气。箱子里除了差旅费，还有他的一份专利文件，文件丢了，还怎么去办事？

宋永生冷静下来之后，自言自语地说："一定要发明一种能防盗的箱子，叫小偷无从下手。"

宋永生立刻就想到了利用计算机。如果把体积很小的集成电路芯片——中央处理机放到箱内，再装上一些配件，就成了有电脑的提箱。电脑能记住主人存入的秘密数字——密码。用时只要输入密码，经电脑识别后，就产生信号，这时才能打开箱子的锁。若是小偷或别人，由于输入的密码不对，锁就打不开。

宋永生又想到，小偷若是把整个箱子拿走了怎么办？对，让主人带一个特制的钥匙链，电脑会发出信号，再由钥匙链反送回来。电脑接到信号后，识别这是主人来了，箱子就可以随意搬动，若是主人离箱子太远了，电脑接不到钥匙链反送回来的信号，它就会发出报警声，提醒主人别忘了带走他的箱子。如果箱子真是被小偷提走了，电脑除了发出报警声和亮红灯，还能让箱子外面产生一定的电流，电击偷拿箱子或者抢劫的人。主人如果睡觉了，还可以从箱子的一角抽出一条带子把箱子锁在一件东西上，谁想弄断这根带子，电脑也会报警。

宋永生计划好以后，立刻就开始动手研制，并且很快研制成功。宋永生给这种计算机防盗箱申报了专利。

经公安部门检测认为，这种计算机防盗箱确有防盗、防遗忘、防抢劫和电击功能。宋永生在北京民族饭店做了现场表演，不少人想试一试把箱子提走，都没能成功。因为只要一走近它，警笛就会鸣鸣响个不停，红灯不停闪烁。若想去提它，人的手就会感到一种受电击般的麻痛，只好把箱子放弃。然而当主人来到箱子旁边，控制着相关的密码，箱子就安静了。

44　计算机是读书人的朋友

——电子出版物

电子出版物读起来非常动人、有趣，而且读者还可参加创作呢。你看，电子计算机的屏幕上出现一幢房子，屋内一个小女孩转来转去，穿衣戴帽准备外出，换了这条裤子又换那一条，各种颜色的、各式各样的都试了，打扮了半天才走出了门，可是想锁门时才发现忘带钥匙了。找呀找呀，最后打开衣橱的抽屉，跳出了一把钥匙，小女孩高兴地捡了起来，锁上了门，走出了家……

电子读物，内容丰富，图文并茂，声色俱佳。读文字、看动画，有动感，好似身临其境。

电子出版物是指以数字代码方式，将图画、文字、声音、影像等信息存储在磁盘、光盘上，并且可以复制发行的大众传播媒体和新闻出版界认定的（及其他的）媒体。

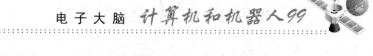
　　电子出版物主要靠计算机和多媒体技术。它信息量大，节省纸张，出版及时，快速传播，全球共享，便于携带，易于查找，容易保存。

　　早期的电子读物，比如美国的兰德姆出版社和苹果计算机公司出版了一套电子图书，都是名著。这些电子图书，要用计算机阅读，屏幕上出现的文字和插图，好像印在一页纸上一样。读时，可以翻页，可以"折角"，能够作标记，可在空白地方作札记，画记号，用起来很方便。（当然，在你借阅公共图书时，不要在书上作记号和标记！）

　　现在的电子读物有两大类：一类是封装出版物（1993年全世界约有8000种，到1995年则有15000多种）。另一类是联网出版物，它没有固定形态，流动在计算机网络上。

　　电子报刊是流动在计算机网络上的刊物。编辑人员用计算机编排好报刊内容，通过计算机网络传递，读报人用个人计算机进行阅读，也可以复制打印，很方便。

　　电子报刊是1992年首先由美国得克萨斯州的《沃斯堡明星电讯报》搞起来的。后来，美国《时代》杂志开通了向订户提供交互计算机阅读服务：用户用自己的计算机，不仅能在屏幕上阅读杂志的全部内容，或调阅某篇文章，或查阅检索各期的某些内容，而且读者也可通过自己的计算机，把对某篇文章的看法观感写到"致编者信"这一栏内。这种电子报纸，不但读者可以阅读，而且能够把读者所要发布（表）的信息，很快反馈给报刊，实现了双向信息传递，也就是实现了"交互作用"。

　　电子报刊在世界范围内广泛地发展开来，使用很广泛。我国于1996年3月在计算机网上提供了20多种电子报刊。

　　计算机互联网的发展，特别是因特网的发展，为电子刊物提供了广阔的发展环境。用户利用因特网浏览器，进入国内外图书馆数据库、数字服务系统，查阅自己感兴趣的资料和目录。现在国内外很多图书馆已把图书资料数字化，以便用户通过计算机查阅。

45 席卷全球的"声、图、文并茂"热潮

——多媒体计算机

国外现在有一个口号:"多媒体技术——下一代的浪潮"。多媒体计算机热已席卷全球。什么是多媒体计算机呢?先听一个小故事吧。

某天深夜,一位刚从大洋彼岸来到上海的外国投资商人,刚刚住进虹桥一个大宾馆后,立即用放在大厅的计算机,查看他关心的信息。他一按按钮,计算机屏幕上连续出现"上海景点介绍"、"浦东新区介绍"等"菜单"。这位外商看完外国金融机构在浦东开业情况的录像后,就又选择了"上海景点介绍"这个项目,屏幕上就出现了12幅并列的图像,每幅图像下面都标有名称。他的手在"上海小吃"这幅图像上一点,屏幕上立即播出介绍大饼、油条、小笼包子等上海风味小吃的录像,同时还有清晰的解说,并且配有悦耳的江南丝竹音乐。外商点头表示赞赏。他用的就是多媒体计算机。

故事讲到这,你会说,多媒体计算机就是能同时播放显示出文字、图像、声音的计算机。但更确切地说,多媒体计算机是指融合数据、文字、语言、音乐、图形、动画、影像等信号的软件和硬件的组合。由多媒体计算机显示播放出来的是文字、数字、图像和声音的综合效果。

多媒体计算机能够出现很美妙的效果,靠的是多媒体技术。多媒体技术涉及的问题很多:通过计算机收集可看得见的图像信息,收集可听见的声音信息,把这些信息变换成数字信息,进行"压缩"之后存储起来,或者传送出去。到使用时,先把存储的(或传送来的)数字信息"解压缩",复原成图像及声音信息,变成图像和声音,并且采用措施使

图像清晰，声音优美。

多媒体计算机以及它的配套设备主要有计算机处理器、光盘驱动器、硬盘、声卡、显卡等。当然，如果配上音箱、录音机、录像机、电视机、打印机等，则更好了。控制多媒体计算机的设备有鼠标器、键盘、操纵杆、数字化仪、触摸屏等。

多媒体计算机将来的用途是非常奇妙的。比如你想知道珍贵动物熊猫的生活情况，只要用鼠标器（一种向计算机输入指令的器件）在屏幕上找到想要找的项目，计算机就会显示熊猫的长相、活动范围、吃竹子的样子……并同时有解说词，还有文字说明、数字显示，而且计算机还会根据图像、解说配出音响和音乐，如风声、潺潺流水声、虫鸟叫声、下雨声、响雷声以及保护人员开来的汽车马达声，还有表示感情的音乐声。

多媒体计算机是孩子学习的好伙伴，是人们不出门就能像身临其境一样了解各种信息的好工具，是人们生活、工作、生产中使用的最好的一种设备。

46　计算机走进咖啡馆

——多媒体计算机的应用

1995 年 4 月，在美国纽约出现了计算机咖啡馆。这家咖啡馆是由书店改建的，20 多张桌子上都摆有多媒体计算机，客人可以一边喝咖啡，一边通过计算机进入互联网，去领略它的神奇功能。使用多媒体计算机，半小时付 5 美元。

计算机咖啡屋的出现，很快就被人们所接受。东京电器街秋叶原的计算机茶座是由一名叫坂本胜一的日本人所创办的。55 岁的坂本在美国见到了这种新奇的服务方式，回到东京后，就开办了第一家计算机茶座。这个茶座有 12 部多媒体计算机，顾客在喝咖啡、喝红茶的同时，可以操纵计算机调出"菜单"，查看感兴趣的信息和资料，可以进行欣赏。每上机 30 分钟收 500 日元，相当于喝两杯咖啡或红茶的价格。

计算机咖啡屋出现后，很快就发展起来。这是多媒体计算机应用的一个方面。多媒体计算机的应用有交互型服务及分布型服务两种。交互型服务是使用者与对方之间进行双向交换信息（文字、声音和图像等），比如交谈、查询检索、信息服务等。分布型服务是单向传递信息，最典型的是广播服务了。

举例说，在医院里用多媒体计算机是最合适了。因为病人看病，病历上有大夫用手写的病案、化验单、X 光图片、心电图、脑电图、CT 和磁共振检查报告等，病人和医务人员涉及信息全面，用多媒体计算机把它们存储、记录、传递、显示出来，可以帮助医务人员提高工作效率，甚至帮助作决策，使医疗工作实现自动化和智能化。

多媒体邮件比现在的一般电子邮件又前进了一步，它可以把要传递的文字、图像和声音一起传送到目的地。

多媒体在商业显示和信息咨询方面用处更多，如交通信息咨询、科学技术成果展示、产品广告、商场导购、旅行导游等。

多媒体还有很多应用，如在教育和培训、办公自动化和管理、电视会议、电子出版物、娱乐与游戏、各种设计中，都少不了它。在家庭中如有一台多媒体计算机，那就更好了。

家庭有一台多媒体计算机，可以用它同亲友或客户通话，不仅是闻其声见其面，而且可以把通话时的图像声音记录保存下来。家里不必再装电话机、录像机、电视机、个人计算机了。给家用多媒体计算机配上一些游戏娱乐软件，就可以进行棋牌、枪战、武打、遨游星际等游戏，不但图像清晰、声音悦耳，而且有身临其境的感觉。当然，家用多媒体计算机更多的用途是用来完成通信、办公、学习等。现在，家用多媒体计算机的价格是太贵了一点，不过没关系，不会太久，它就会便宜起来，进入普通的百姓家里的。

47 没有实物胜似有实物

——揭开虚拟技术的面纱

什么是虚拟现实技术呢？先看一个小例子。

日本松下公司用来招揽买主的"厨房世界"，就是采用了虚拟现实技术，让顾客去品评厨房设备是否合自己的心意。

当你走进陈列室，只要戴上特殊的头盔和一只银色的手套（叫数据手套），你在原地就可去漫游厨房世界了。在头盔的显示器内，你可以看到厨房及它的门。你伸出手去开门，门随手而开，厨房内所有的设备就映入你的眼帘。你可以用手打开柜橱的门和抽屉，查看里面的结构和质量；可以从碗架上拿下盘子看看；你打开水龙头，就可以立即看见水流出来，听见流水声，还可查看水池下面的排水是否流畅；也可查看照明是否亮堂，试试通风排气是否正常……当你拿下头盔，摘下手套，这一切都消失了。

为什么这种虚无的世界又使你感到那么真实呢？

原来，这种虚拟现实是由计算机及相关设备构造出来的。关键在于计算机有数据库，库内存有很多图像，还有声音及各种现象。当人戴上头盔时，这些外界现象就由多媒体计算机从头盔的显示器显示给参观者。人戴上数据手套，手套上有很多传感器，你的手一动，就测出你的动作（比如去开门），计算机接到这一信息，就控制图像，使门打开，你眼前就变成室内的图像，并给出相应的声音及运动感觉。

现在我们可以归纳出虚拟现实系统具有如下几部分：各种传感器，印象器（产生立体视觉、听觉、触觉、动觉的装置），连接传感器与印象器的部件，用来产生模拟物理环境的部件（如计算机或工作站），还有一套软件。

接着我们简略地说说虚拟技术的发展历程。美国人艾凡·萨瑟兰，1965年发表了一篇题为《终极的显示》的论文。这篇文章后来被公认为是在虚拟环境领域中起里程碑作用的文章。1966年他在麻省理工学院开始研究第一个头盔。参观者戴上头盔看虚拟环境，就像身临其境一样。1967年，美国的北卡罗来纳大学的弗雷德里克·布鲁克斯研究了"力反馈"问题，使得用户可以感觉到虚拟环境中物体有力的作用。

1969年4月，美国的威斯康星大学的迈伦·克鲁格与一个艺术家小组合作，建立了一个交互的演示系统。用户一走进一间屋子里，就和由计算机生成的图像发生相互作用。

1981年，美国加州大学的博士研究生迈克尔·麦格里威为美国航空航天局研究了晶体显示头盔。1986年，美国航空航天局终于建立了一个虚拟环境，第一个计算机虚拟环境终于诞生了。

20世纪90年代以后，虚拟现实技术在各个方面都得到了发展和应用。

48 真假难辨别有洞天

——虚拟技术的广泛应用

我国杭州大学开发了虚拟故宫游玩系统。只要你戴上特制的头盔，骑上不动的自行车，你从头盔显示器里就看见了形象逼真的天安门城楼。

用脚踏自行车的踏板，你就会感到自己正骑着自行车来到了午门前的大道上，飞快地穿过午门，越过金水桥，越过太和门，来到太和殿广场。由于你的自行车太快，一下子破墙而入，到了太和殿。金銮殿内盘龙的柱子，庄严的殿堂和真实的景像完全一样。你又骑车来到了御花园，绿树、红亭、碧池令你陶醉，好像身临其境。但是，只要你摘下头盔，你仍然是骑在自行车上，一动没有动。

美国一家工程公司研制出一种打高尔夫球的虚拟现实模拟器。在很大的房间内，悬挂一个有弹性的尼龙屏幕。当你在室内用标准的高尔夫球杆和真正的球进行打球活动时，你从球座发球后，球飞出并碰到屏幕，掉在你的房间地板上。这时屏幕上可以显示出球在真实球场上空飞行的状况。这是因为由传感器、红外线发射器、电子跟踪系统可确定出球的飞行情况，由计算机算出球继续飞行的路径，并在屏幕上显示出球的飞行过程。这种虚拟的室内打高尔夫球系统，除要有悬挂大屏幕的房间，还要有每秒钟能运算几百万次的计算机和相应的软件，并要有一套高级的自动化系统。

虚拟技术能够如此美妙地用于游戏中，是因为它具有很重要的特点，其中之一就是逼真。虚拟技术所虚拟出来的环境，和真的环境几乎毫无差别，不仅环境像真的一样，而且环境中的物体和特性以及现象，都是按照自然规律发展变化。另外，人在环境中也像真的一样，人在其中有视觉、听觉、触觉、运动觉、嗅觉等，对虚拟环境作出反应，接受虚拟环境的各种反作用，而虚拟环境又在人的动作和反应影响下，产生新的变化。这就是虚拟环境与人的"交互性"，这是虚拟技术又一重要特性。由于虚拟技术产生的虚拟环境不仅像真的，而且与人有相互作用，所以它能以假乱真。

虚拟技术具有如此优点，所以，它的应用是十分广泛的。比如，用虚拟技术休闲和游戏：虚拟出赛车系统，一般人就可以享受开高速赛车的快感和乐趣，但却没有撞车、翻车、车毁人亡的危险；有的国家建造了虚拟观察娱乐厅，人们可以在厅内的战斗机器模拟器上进行战斗游

戏；可以在虚拟现实环境中滑雪；利用虚拟技术与远在天涯海角的人对弈。用虚拟技术可以更好地培训学员，进行高级实验教学，这又安全又省钱。学生在用虚拟技术模拟出的虚拟环境中进行学习，又有真实感，又直观，又有趣。用虚拟技术进行军事演习，不但可以达到演习目的，而且又不会破坏自然环境。至于用虚拟技术制造的生物那就更有用处了，虚拟出的歌星、球星、动物明星，不仅使人们可以很容易地欣赏到他们的精彩表演，而且不会把明星累坏。还有，虚拟技术可以用于遥控系统、远距离手术等，那更是有实用意义。

虚拟技术是 21 世纪广泛应用的一种新技术。

49　人脑想干什么计算机就干什么

——脑控计算机

用人脑的脑电波控制计算机，这已成为现实，也就是人的大脑一想，电脑就可以按人的想法工作。

人脑的电波频率从每秒 0.5 次到每秒 40 次。安在人脑头皮上的传感器，能把这种脑电波测出来，并通过导线或通过无线电波传送给计算机。这样，人在数千米之外，就可按照人脑的想法，产生脑电波来控制计算机工作。

美国纽约一家公司设计了一个程序，让两个人在计算机前坐着，但离得足够远，谁也碰不到谁。这两个人的身形都在计算机显示器上显示出来。这时，让他们两人想象去吻对方，但是身体并不动。这时他们的脑电波就控制计算机，使显示器上的图像变化，使两个人的人身图像接起吻来。如果一个人想接吻，另一个人拒绝（心里想）接吻，则计算机会受脑电波控制，使显示器上的两个图像是一个去接吻，另一个拒绝接吻。实际呢，两个人谁也没动，只是脑内有思想活动，用产生的脑电波控制计算机工作罢了。

这个公司还开发了用脑电波控制计算机，进行比手劲的游戏。参加比赛的两个人头上带着头环，头环上有很多传感器，头环用导线与一台计算机接口相连。两个人离得挺远，手不碰另一个人的身体，也不碰对方的手，但心里想伸出手，握住对方的手，并比手劲。这种想法就显示在计算机的屏幕上，出现两个人在比手劲的图像。

用脑电波控制机器，这种想法由来已久。因为电脑是通过电子运行操作的，只不过指令是通过人的手指向电脑发出的。于是就有人想到，人的大脑指挥人的神经系统动作不就是通过脑电波进行的吗，既然都通过电波，那么，直接让人脑的脑电波去控制电脑，不是更直接、更快捷、更准确吗？虽说这个想法有它的合理性，但是真正要实现这个愿望是很困难的。

首先，人们检测脑电波运行的情况并将其记录下来，就很不容易。举例说，一个人从看到一个物体，到对它产生反应，整个过程只有0.07秒，非常快速。这说明，要测出脑电波并记录下来，是很困难的。更何况还要对脑电波的运行加以控制呢！所以，直到20世纪90年代，人们才能成功地批量生产脑控设备。

用脑电波控制计算机，目前还处在研究开发阶段，它的主要用处是进行游戏和残疾人使用的计算机。

但是脑控技术，也就是用大脑的脑电波控制计算机，将来会有广阔的应用前景，比如在医疗领域，由瘫痪病人的"思想"控制轮椅的运动和使用计算机等。在工业上、在军事上、在农业上将来都会有很令人叫好的应用。

50　世界上独一无二的博物馆

——波士顿计算机博物馆

　　1949 年，美国麻省理工学院研制了一台名叫"旋风"的电子管计算机，耗资 500 万美元，它是一个占地 300 平方米的庞然大物。"旋风"计算机是第一台采用磁芯存储器的计算机，不但可靠性提高了，而且运算速度提高了一倍，达到每秒 8.3 万次，这是当时最高的速度。

　　但是，随着计算机技术的发展，它过时了，进了废品仓库。1974 年，米特雷公司总裁和迪吉多公司总裁把它从麻省理工学院废品仓库中抢救了出来。因为他们两人都为研制这台计算机工作过。然而，在计算机已取得飞速进步的时候，再把这种过时的计算机从仓库中取出来，又有什么意义呢？迪吉多公司的总裁认为，虽然它陈旧了、过时了，但它毕竟代表了计算机从无到有的一个历史进程，这本身就是值得纪念的。同时他还想到，和"旋风"具有同样命运的计算机还有好些，人们都不应该将它们忘记。

　　于是，迪吉多公司总裁决定建造一个计算机博物馆，既安置了这台难忘的"旋风"计算机，也同时可以安置在计算机发展进程中因落后而被淘汰的其他计算机。

　　1979 年，迪吉多计算机博物馆正式开馆。1984 年，博物馆迁到了波士顿，成为世界上独一无二的计算机博物馆。这个博物馆占地 5110 平方米，有 5 个展厅：电子管时代计算机展厅、晶体管时代计算机展厅、集成电路时代计算机展厅、计算机与图像展厅、灵巧机器展厅。另外还有小型剧场和演讲厅。

参观者可以一览数十年来计算机发展的过程，或者通过娱乐游戏了解计算机技术的发展过程，了解计算机对社会发展进步的影响。

从 1984 年以来，计算机博物馆每年都要接待数以万计的参观者。其中有中小学生、研究人员、计算机爱好者、游客等。

一次，一位记者问一位年仅 7 岁的小朋友："你懂得电脑吗?""哦，当然懂。"他一边回答，一边迅速地在计算机的键盘上进行输入。

参观者可以与计算机下各种棋。如果计算机赢了，屏幕上会立即出现几个字：祝你下次走运，人类。

参观者可以坐在飞行模拟器里驾驶飞机，可以用计算机设计房屋、设计工艺品、诊断疾病、作曲，还可以对着计算机屏幕的图像改变自己的相貌……

在灵巧机器展厅里，天花板上的传感器能测出参观者的身高，灵巧机器还能区别 5 元和 10 元钞票，用玩具积木拼出姓名，按菜单配制各种酒，为游客标出游览路线……

计算机博物馆，把历史上典型的计算机和最尖端的计算机技术成就展现给人们。它已成为最吸引人的一个博物馆。

51 由 75 美分揭开一个大间谍案

——利用计算机窃取情报

1986 年，在美国加州伯克利的劳伦斯·伯克利实验室，工作人员斯托尔负责管理计算机网络系统，他的一项工作是按照用户使用计算机的时间向用户征收费用。一天，他发现，按实际用机时间计算出的应收费用，比用户实际交纳的费用多出 75 美分，就是说，有 75 美分的费用没有用户名字。这个细小的差错，对一般人来说可能是微不足道的，但却引起了斯托尔的注意。

斯托尔是一位工作非常细心的人，连续三天，他一直在寻找，到底是谁私自在计算机网络系统上开了户头，却又不透露姓名呢？开始，斯托尔只想查明这个人的身份和动机，劝他停止这种恶作剧。可是，他渐渐发现，这个人实际上是想用这个网络系统当桥梁，企图进入一个军用计算机网络。军用计算机网络是有它自己的密码的。

斯托尔将自己发现的疑点报告了实验室的上司和联邦调查局。开始他们都没重视这一情况，因为当时美国的大学生常常以利用计算机探听秘密信息或者盗窃数据库作为乐趣。再说，也不能为了这区区75美分而兴师动众吧！

斯托尔却不肯罢休。他在自己的办公室里安了一台打印机，用来监视不速之客，一旦不速之客出现时，就把他记录下来。经过反复分析，斯托尔发现，这个不速之客每周在网络中出现10个小时左右，目的不是破坏、修改计算机中的信息，而是企图闯入其他计算机系统，特别是想闯入计算机保密系统、五角大楼数据库等。这个不速之客已经能从40个军用计算机网络获得信息、窃取军事情报了。

这时，联邦调查局开始重视斯托尔的发现了。他们设置了一个陷阱，精心编制了一个假的数据库，也就是假的军事情报资料，并起名叫"SDI网络"。这些假的情报内容和它的机密性，可以使任何间谍垂涎三尺。斯托尔还通过计算机网络发出通知："凡想要SDI网络情报者，可向××信箱提出申请。"

很快就有一个自称哈克的人来索要这些资料，并用了一个小时把这些内容录进他自己的计算机中。过了一段时间，又有一个来自美国宾夕法尼亚的人，署名拉兹罗·巴洛赫，询问SDI网络。美国联邦调查局早已怀疑此人与苏联间谍机关克格勃有联系。

很快，联邦调查局查清了他们的真实身份，他们均系利用计算机网络来窃取机密情报的间谍。

利用计算机盗取军事情报、个人秘密、银行储蓄等，是发展计算机网络值得注意的一个大问题。

52　被判刑的计算机奇才

——计算机病毒的起源

莫里斯 1965 年 11 月 8 日出生于美国新泽西州莫里斯敦。

上中学时，莫里斯的爱好就转向计算机了。在他 11 岁的时候，家里买了一台计算机。起先，莫里斯只用计算机做学校的作业，后来他学会了编写计算机程序。在他 17 岁的时候，就开始到著名的贝尔实验室编写一些关于计算机安全的程序。

莫里斯后来成为哈佛大学的程序编写员。

1988 年，他在康奈尔大学读研究生时，曾做了一件"惊天动地"的事。

他编制了一种病毒程序，在 1988 年 11 月 2 日上午 5 时开始运行，到下午 5 时，美国军事系统的 6000 台计算机，还有附近大学的计算机均感染上了病毒，被迫关机 24 小时，直接损失 9600 万美元。这件事震惊了美国。

计算机病毒其实就是人编制的一种小程序，把这种程序装进计算机，或者经过某些途径传染给其他计算机，计算机就不能正常工作。比如，计算机的彩色显示器上会突然出现一条色彩斑斓的毛毛虫，它灵活地向前蠕动。毛毛虫每出现一次，就占去了很多内部存储器的单元，使原来的信息丢失。毛毛虫出现几次之后，计算机就无法工作了。这种病毒不但能传染，而且会繁殖扩大，和生物病毒性质相似，所以被称为计

算机病毒。

还是回到莫里斯事件上来吧。

莫里斯这一惊人举动可以说是"子承父业"。老莫里斯是最早的计算机专家之一，1961年与1962年，老莫里斯和他的同事都是20多岁的青年，所以，许多晚上在做完工作后仍留在实验室里，他们玩一种游戏，每个人都创造一种电脑程序，用它去破坏别人的程序。本来电脑按程序工作起来，是一条指令接一条指令执行下去，不会受别的程序干扰的。这好像一个人唱歌，随便别人怎么唱别的歌，他也不会岔到别的歌上去。但是，也有人能在某个地方，很巧妙地使你不自觉地就岔到别的歌上去。老莫里斯等计算机迷，就是想编出巧妙程序，把别人的计算机程序岔过来，使对方计算机不能执行正常程序。这种游戏，老莫里斯玩得最好。有人说这就是现在电脑病毒的雏形。

早在1977年夏天，美国科普作家托马斯·J.雷恩出版了一本幻想小说，他幻想有一种神秘的计算机病毒，能传染，能自我复制，能控制7000多台计算机的操作系统，引起混乱和不安。1983年，美国计算机安全专家科恩利用实验证实了有可能出现计算机病毒，并于1984年在美国国家计算机安全会议上做了演示。所以，一般人又认为世界上第一个计算机病毒是由科恩制造的。

1988年，莫里斯制造的计算机病毒拉开了计算机领域实际病毒的序幕。

莫里斯所制造的病毒侵犯了军界，他被送上了被告席。尽管许多人为他争辩，说他制造病毒不是为了扬名，也不是为了谋求高职，而是他的博士研究工作的部分内容。但是，由于这一病毒造成的危害巨大，1990年5月8日，地方法院做出了判决：判莫里斯5年监禁，缓期5年执行，并罚款1万美元。

53　到处游荡的计算机恶魔

——计算机病毒的种类及特点

1989 年，中国的一位计算机用户正在计算机上编写一个汉字文件，忽然发现屏幕上出现了一个从来没有见过的椭圆形小圆点，有两颗小米粒大，呈黄色，无声地在屏幕上跳来跳去。他对它端详了半天，说不出一个所以然来，只好不予理睬。

可是，过了一会儿就不对劲了，屏幕上的信息忽然上下跳动起来，刷刷地一片闪光，终于什么都看不见了。

他没有办法，只好关机，之后再开机一试，还是如此。他以为这台机器有毛病，就关机回家了。

回到家里，他又把存储文件的软盘插入自己家的计算机中。启动之后，他自己的计算机屏幕上也有个圆点在跳动，他愣了一会儿，明白了，这个小圆点已被他用来保存文件的软盘带了回来。这真是背土豆回家，把老鼠也背回了家。

后来他才知道，这就是计算机小球病毒。

目前一般认为，1989 年 4 月在中国西南铝加工厂发现的小球病毒是我国发现的第一例计算机病毒。小球病毒常常破坏 DOS 系统区，造成用户文件丢失。到现在，人们发现的计算机病毒已有好多种。

有一种计算机病毒叫"快乐的星期天"。当用户在星期天开机工作时，显示屏上就会出现"今天是星期天，你何必这么辛苦？总是工作不玩耍，会把你变成乏味的人。"病毒还在显示屏上提议："来吧！让我们出去，去开开心！"乍一看，病毒制造者很关心人的休息，而且颇有趣味，可是在此同时，计算机磁盘中的数据已经丢失了。

有一种病毒叫"雨滴"，屏幕上好端端的字符会莫名其妙地像雨点般地往下掉，等字符掉完了，计算机就停止工作了。如果计算机还在开着，扬声器还会唱起电影《百万英镑》中那支《扬基·都得尔进行曲》。

如果染上"苹果"病毒，每隔半小时左右，在屏幕上就会出现"我要吃苹果"的提示，用户只有输入"苹果，请"后，计算机才能恢复正常。"黑色的星期五"（又称"以色列"）病毒，会使电脑中 COM 文件长度增加 1813 字节，而且运行一次 EXE 文件就会增加 1808 字节，直到计算机不能容纳为止。病毒种类太多了，目前全世界已有 18000 多种，实在无法一一列举。

染上计算机病毒时的主要症状有：屏幕显示异常，机器不能正常启动，存贮器的内容和数据被改变，文件和程序丢失，死机现象增加。

计算机病毒还有如下特点（和生物的病毒特点有点相似）：

有隐蔽性。病毒寄生在可执行程序或数据文件中，不易被发现。

有传染性。能够自我复制，并能传染，进入到无毒程序中去，从而达到扩散的目的。

有潜伏性。病毒侵入后，一般不立即发作，能隐藏在某个程序或磁盘的某个扇区中，当条件成熟后才起破坏作用。

有破坏性。使计算机不能正常工作，数据和文件遭到破坏。

54 不能让艺术大师有遗憾

——计算机病毒的预防

米开朗琪罗是 400 多年前意大利的艺术大师。他的作品可以说是永世不朽的。

但是，有一种毁灭性的计算机病毒却盗用了这位巨人的名字，而且病毒发作的时间选在了米开朗琪罗的生日——3月6日，侵害目标是全世界6000万台IBM计算机及其兼容机。染上这种病毒，每年3月6日，计算机一工作，它存储的数据就会化为乌有，是很厉害的计算机病毒。

1992年3月6日到来之前，全世界几千万台IBM型计算机以及兼容机的用户，差不多都收到了有关部门发来的警告："检查你的计算机和软盘！""3月6日关上你的计算机！""躲过这个坏日子！修改当天工作日期！"但是，有的计算机是不能关闭的！

比如：上海市证券交易所用的计算机，如果关闭计算机或更改日期，就等于交易所关门了。交易所的计算机部经理只好向上海市公安局计算机管理监察处求救。终于紧急拷贝了杀毒软件。3月6日，上海证券交易所准时开业，数十台计算机显示器不断闪烁，计算机终端立即将股市行情传送出去，通过卫星传到各地。

然而就在同一天，当米氏病毒大肆侵袭时，南非有500家公司1000台计算机受到袭击；意大利有10000台计算机的数据处理机遭难，大量数据和软件资料瞬间消失；阿根廷一家报社因为时间差，使3月5日的报纸少了4个版。美国计算机协会做了统计，1992年3月6日全世界有1万多台计算机遭到米氏病毒袭击。而中国上海有成千上万台计算机，虽同样是被袭击对象，但因为事先采用了杀毒软件，只发生了5起感染病例。

由此可以证明，计算机病毒是可以预防和检查的。

检查计算机是否感染上病毒，可以通过一些外观现象来判断，比如，运行速度明显减慢，屏幕上有规律地出现异常画面和信息，文件莫名其妙地丢失，系统运行中经常无故出现死机等。

对于计算机病毒应以预防为主。主要有：加强管理，专机专用，不随便用外来软盘和硬盘，做好软盘备份盘的封口和保护工作；经常严格检查、监视软硬件和通讯，对外来件、新购件必须经杀毒后方能使用；建立病毒防疫系统，万一发现病毒，尽快诊治，等等。

当然，对不同的病毒，其防止方法也不同。例如，米氏病毒是3月6日发作，所以，使用者若人为地改变计算机时钟，把3月6日改成其他时间，计算机即使染上了这种病毒，也不会发作。

55　博士铸剑防恶魔

——中国第一块计算机病毒免疫卡

计算机病毒危害极大，但是魔高一尺，道高一丈。世界上很多计算机专家在不断地寻找对付病毒的方法。

中国科技大学博士生杨震宇也瞄准了这一难题，潜心进行研究。他从医学上"预防胜于治疗"这个原则得到了启发，提出建立主动式防护免疫卡。由于软件最容易传染病毒，所以，他的微机病毒免疫卡采用软硬件相结合的办法。这种免疫卡由四个部分组成：自动检查病毒系统，发现病毒报警系统，安全系统（可以消除病毒使计算机安全运行），与计算机连接的接口系统。

杨震宇有一位同学在深圳华星科技有限公司工作，得知他的研究后，便把这个消息告诉给本公司总经理。华星科技有限公司果断地作出决定，投资100多万元，组织了以杨震宇为核心的研究小组，研究计算机病毒防疫卡。经过不断实验，1990年4月，该公司召开了华星微机病毒免疫卡鉴定会。当天晚上，中央电视台播发了消息：我国研制成功世界上第一块计算机病毒免疫卡。

1990年8月，中国大亚湾核电站从国外引进一份软件，结果给计算机系统带来了病毒，计算机不能正常工作了。核电站用自己的病毒检测软件进行检测，不能确定是什么样的病毒。美方总经理心急如焚，向深圳市公安局计算机安全监察部门求援。监察处用华星微机病毒免疫卡对计算机检测，发现原来这是一种新的病毒。大亚湾核电站立即在所有微机上配备了这种免疫卡。

杨震宇发明的这种计算机病毒免疫卡已申请了专利，获得了全国火炬高新技术及产品展销会"先进技术应用奖"中唯一的一等奖。

1991 年 4 月，杨震宇携带这种免疫卡到美国，参加了世界计算机博览会。美国计算机病毒专家对免疫卡进行了多次全面的测试，证实了该免疫卡对当时搜集到的 270 多种计算机病毒都能进行有效的防护。

56   为计算机病毒喊冤叫屈

—— 计算机专家科恩为计算机病毒正名

一提到计算机病毒，很多人会说，计算机病毒种类很多，危害极大，应及早发现，迅速消除，防止蔓延。

但是，计算机病毒和自然界生物病毒有相似的特点，生物病毒既有有害的一面，也有有用的一面，于是很多人想到计算机病毒是否也有可利用的一面呢？有人说，用计算机病毒去侵袭敌人的计算机，不是一种很好的武器吗？

德国一家报纸曾报导过：1990 年海湾战争前夕，伊拉克在法国一家公司订购了一种打印机，准备用于军事总指挥部的计算机中心。美国谍报人员获得这一消息后，顿生一计，将一块带有病毒的集成电路芯片偷偷装入伊拉克订购的打印机中。它的后果如何不得而知。但是现在一些国家已在研究用计算机病毒去侵入敌方导弹、飞机、坦克、军舰等装备的计算机中，以达到敌方未战自毁的目的。

当然，科学家所说的计算机病毒也有可利用之处，不光是指用在战争中起破坏作用，而是和平利用。美国计算机专家弗雷德·科恩，在他制出第一例计算机病毒并给予命名的 10 年之后，提出为计算机病毒正名。科恩说，计算机病毒运行十分快，比如莫里斯编制的病毒程序，在蔓延时，运行速度可达 4000 亿次/秒，而人们花了很长时间和数百万美元，才于 1992 年研制出超过这个速度的巨型并行计算机。并行计算机是由很多微处理机同时并行工作才达到这一速度，因而为了完成一个复杂的计算任务，对各个并行的微处理机任务的分配就是一个最令人头疼的问题。这就可以利用病毒，因为微处理机处理能力越强，病毒复制越快，所以，病毒能使并行的微处理机自动均衡地工作，使得各处理机的能力不被浪费掉。

1986 年，科恩为海关编写了第一个有用的病毒程序，这是一个收账程序。这个程序编码只有几页纸，但却能跟踪几万个债务人，协助专门负责人收回欠账。

利用病毒设计程序，可以利用"复制调用"、"进化调用"和"唤醒调用"。"复制调用"就是当需要时，程序可以反复自行扩大繁殖；"进化调用"就是当情况变化时，程序可以进行自我修改；"唤醒调用"就是当计算机完成某一指令后，发出一个"唤醒调用"，自行决定该什么时候采取下一步行动，然后就返回休眠状态。利用这三种功能，程序编写起来就很简单了。换句话说，由于病毒程序有自我复制、自动修改程序、自动唤醒某些程序的功能，所以，设计人员很省劲，而计算机又能完成复杂的任务。

当然，为了使计算机病毒程序对电子计算机有益而无害，就要求编制的病毒程序，在未得到主人允许时，不能进入计算机中；而且对编制出来的计算机病毒，要有控制能力，不能无节制地蔓延、传染。

应当说，研究如何应用计算机病毒有用的一面，是很值得重视的问题，而且是一个很新的课题。

57 会凫水的铁鸭子

——安德罗丁的故事

铁鸭子在水中能不沉下去，还能凫水？是的，这是法国的发明家、工程师沃康生制造的。

沃康生生于 1709 年，小时候就擅长搞机械。1738 年，他用齿轮等机械零件，制造了一个能像真鸭子活动的机械鸭子。

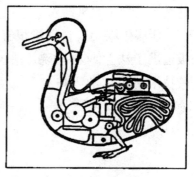

会凫水的铁鸭子

这个铁鸭子不仅能惟妙惟肖地模仿真鸭子的动作和叫声，比如凫水、扎猛子、扑打水等，而且，它还会像真鸭子那样吃食物，还可以消化食物，排泄粪便。这个铁鸭子是由上千个零件构成的，结构很精美。

沃康生还制造过一个会吹笛子的牧童。这个牧童坐在台子上，高170 厘米，它会吹 12 首不同的曲子。这个人造牧童用嘴向长笛的圆孔吹气，笛子就会发出响声，牧童的手指在笛子的其他圆孔上来回按动，长笛子的音调就会发生变化，奏出一首优美的乐曲。牧童吹笛子的时候，沃康生亲自用铃鼓伴奏。

沃康生还制造了一个打鼓人。

这三件作品都是自动机，当时人们称为"安德罗丁"。沃康生制造的这些安德罗丁，1738 年向巴黎公众展出过。这三件活灵活现、栩栩如生的作品，轰动了整个欧洲。

沃康生还制造过机械驴。1742 年，这位发明家打算制造一台自动织布机，里昂的织布工知道了，害怕失业，决定揍沃康生。于是沃康生就制造了一个能在普通织布机上用的机械驴。有人说这是第一个工业机器人。

沃康生因制造自动机很有名，被选进了法兰西科学院。法国巴黎技术博物馆的入口处，矗立着他的全身塑像。

欧洲的自动偶人

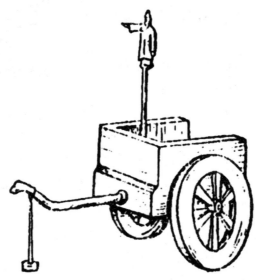

中国古代的指南车

中国的指南车也是一种自动机,比欧洲的自动机早出现 1000 多年。

58 叫它们"罗伯特"好了

——机器人名字的由来

捷克斯洛伐克作家 K. 恰佩克,在 1920 年写出一个剧本,虚构了一个故事:罗素姆公司制造了一种像人、能为人劳动的东西。恰佩克起先想把这种东西叫做"labor",labor 是拉丁文,表示"劳动、工作、苦役"的意思,但是觉得有点生僻。他的兄弟伊奥泽夫当时正在画画,说了一句:"那就叫它们 robot(罗伯特)好了。"robot 在英语中的意思就是机器人。

恰佩克第一个使用了"机器人"这个词,他所写的剧本叫《罗素姆万能机器人公司》。故事说——

老罗素姆制造出三个"人造的人",是很难看的东西,只活了三天。后来,老罗素姆的侄儿来了,他是个头脑灵活的人,想到了制造活的、有头脑的机器人,并且开了一个万能机器人公司。

恰佩克

罗素姆万能机器人公司生产的机器人是最廉价的劳动力,有的比较粗笨,有的比较精致,有的专门从事生产,有的可以当打字员、管理员……

机器人公司的生产越来越兴旺。各个国家的工人开始罢工,反对机器人横行霸

作家的丰富想象

道，捣毁了不少机器人。

很多使用机器人的公司经理和官员，组织了机器人军队，杀死了许多人。这时，机器人在哈维尔成立了机器人自己的组织，号召机器人团结起来，杀掉所有的人。罗素姆机器人公司的机器人拉迪乌斯领导机器人也发动了叛乱，杀死了公司里所有的人，只剩下这个公司的基建总管阿尔奎斯特。

机器人让阿尔奎斯特交出罗素姆制造机器人的处方。因为原来制造的机器人最多只能活 20 年，若是没有这个处方，机器人会断子绝孙的。

处方被前来参观的戈洛里奥娃烧掉了。

一个机器人提出，让阿尔奎斯特解剖机器人，寻找制造机器人的处方。

阿尔奎斯特发现，女机器人海伦娜和男机器人普利姆斯发生了感情。它们是罗素姆机器人公司加尔博士私自制造的具有感情的新型机器人。

阿尔奎斯特说要用海伦娜做解剖，普利姆斯就说："我代替她！""没有她我就不想活。"阿尔奎斯特说用普利姆斯进行解剖，海伦娜就说："让我去！""普利姆斯要去，我就跳窗。"

阿尔奎斯特最后说："你们走吧，亚当和夏娃。你是他的妻子，他是你的丈夫。"

这是因为，阿尔奎斯特看到了爱情带来的希望，生命之火不会熄灭。

作家用自己的智慧虚构了这个故事，幻想和预言了机器人给人类社会所带来的好处与可能产生的问题。机器人在今天已被人们所接受，已成为现代社会文明的一种不可缺少的工具，人类不可缺少的伙伴。

"罗伯特"这个词已成为现代社会用来称呼机器人的最响亮的名字之一，而在我国，则根据它的性能，被翻译为"机器人"。

59　英格伯格与德沃

——第一台工业机器人

在机器人发展的史册上，美国的英格伯格是很有名气的，是他和他的朋友德沃发明制造出第一台工业机器人，是他们兴办了世界上第一家机器人制造工厂，是他们使人类的梦想变成了现实，使机器人成为生产大军中的一员。因而英格伯格被誉为"工业机器人之父"。

英格伯格 1925 年 7 月生于美国的布鲁克林，小时候，他的母亲告诉他："头脑中要具有宝贵的知识，生活才会美好。"

英格伯格牢牢记住母亲的这句话，学习很用功，成绩一直很好。读书期间他经常读著名科幻作家阿西莫夫的作品，听阿西莫夫的讲演，特别喜欢关于机器人的故事，幻想能够造出不吃、不喝，却能像人一样干活的机器人。

英格伯格从哥伦比亚大学毕业后，在海军服役。第二次世界大战结束之后，他又回到哥伦比亚大学继续攻读。

1956 年的一天晚上，英格伯格在康涅狄格州韦斯特波特的一次鸡尾酒会上，遇见了在麻省理工学院工作的发明家德沃。

德沃在 1946 年曾发明了一种系统，它能把机器的动作顺序和状况记录并存储起来，然后由存储的这些信号控制机器，重演先前的动作。

在这次酒会上，德沃大力宣传关于机器人的设想。他设想在工厂内，用有记忆能力、能完成多种操作的机器人去代替人工作，去做那些单调的、重复性的操作。他认为，工厂中有 50％的工人是在做一些拿和放的简单工作的，这些工作应该由机器人来完成。但是他没有足够的资金来研究制造机器人，所以正在积极寻找合作投资者。

当时还仅仅是一家公司经理的英格伯格，对机器人也很感兴趣，因为他从小就幻想制造出不吃不喝却能像人一样干活的机器人。现在听了德沃的介绍，感到彼此的想法不谋而合。

他们一下子谈得很投机，决心一起研究制造工业机器人。他们参观了一些工厂，认为机器人确实大有用处，可以把人从繁重、单调和危险的劳动中解放出来。

他们密切合作，共同设计。英格伯格负责设计机器人的手、脚和身体，也就是机器人的机械部分；德沃负责设计机器人的头脑、神经系统和肌肉，也就是机器人的控制和驱动装置。他们筹集到了足够的资金，在反复实验之后，于1959年制造出了世界上第一个工业机器人尤尼梅特，意思是"万能自动"。这个机器人的构造与人的身体结构很相似，有臂、手腕、手爪等。人只要用控制手柄控制机器人，把所要求的动作做一遍之后，机器人就会周而复始地、自动地完成这些动作。尤尼梅特可以做搬运工件、焊接、喷漆等工作。后来，英格伯格和德沃还筹办了尤尼梅逊公司，这是世界上第一家机器人制造工厂。

1962年美国机械与铸造公司制造出另外一种工业机器人巴塞特兰，意思是"万能搬运"。它的构造和工作原理与尤尼梅特大同小异，主要

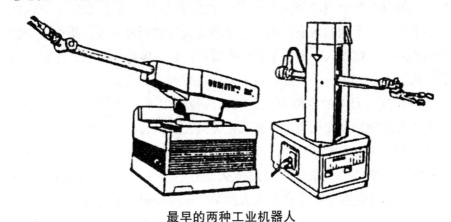

最早的两种工业机器人

可以用来抓取、运送工件。后来世界各国争相引进、仿制或自己研制工业机器人。经过近40年的发展，机器人大家庭已有几十万个成员遍布于世界各地，它们可以做很多种工作，并且已发展到了第三代智能机器人。

工业机器人实际上是一种由计算机控制的自动装置，它的工作程序可以根据需要进行改编，所以，它能够完成多种工作。

60　发明家让机器人出场亮相

——宣传推广机器人

工业机器人刚问世的时候，人们对它不了解，不知道使用它会有什么好处，加上成本高，安装和使用都有一定难度，所以，人们不愿意购买使用它。

为了推广机器人，第一台工业机器人的制作者英格伯格多次主持了机器人展览。1967年，尤尼梅逊公司的几台机器人在约翰尼·卡森展览会上做了一系列的表演，如把一个高尔夫球放到杯子里，指挥一个管弦乐队演奏，机器人在电视节目中做啤酒广告。英格伯格的想法是：要想让机器人得到足够的注意，首先应让机器人吸引大众。

1967年，日本的丰田织机公司、川崎重工业公司等用重金买进了美国的巴塞特兰和尤尼梅特机器人。美国尤尼梅逊公司专门派英格伯格飞到日本，向日本大众宣传介绍机器人。当时有600多名工程师和高级经理听了英格伯格的讲演，讲演会从下午一点半一直举行到晚上六点半，这一盛况使英格伯格受到很大鼓舞。他后来很有感触地说，在美国我请8～10个人来听关于机器人的讲演也感到困难，而在日本，他们却来了600多人。访问快结束时，英格伯格决定允许川崎重工业公司使用尤尼梅逊公司的技术。由此开始了工业机器人在日本得到应用的一页。

工业机器人刚刚运到日本，人们就对它发生了极大的兴趣。许多人来到东京湾附近观看工业机器人的表演。这是一台人们还不大了解的机器人。它的底座上有一个"身子"，上面有一个铁胳膊，在铁胳膊前端有铁制的手腕，手腕的上面有一个铁手爪，可以抓住工具。这台机器人不停地"嘎噔，咻，嘎噔，咻"地响着，从冲压机上取下部件，放到架子上，再去取部件……它的动作准确，不用人管，能够不断地重复干下去。参观的人目不转睛地看着这台机器人的操作，感到十分惊奇。

从这一年以后，日本许多公司有的仿制机器人，有的改进机器人，有的进行创新，很快就使日本的机器人发展起来了。日本成了机器人王国，日本的机器人数量在世界上最多，应用最广，发展水平可与美国相提并论。

61 捞氢弹使科沃一举成名

——水下机器人

1966年1月17日，美国一枚氢弹因飞机失事掉到地中海中，引起世界的关注。美国派出了"阿尔文"号水下载人潜水器，"阿尔文"经过一个月的寻找，终于找到了沉没在海底的氢弹。

"阿尔文"用机械臂试图把一只夹钳扣在氢弹上，试来试去总是套不上。后来费了好大劲，才抓住氢弹，然后由海面上的绞车吊起氢弹。可惜离海面还有100米的时候，吊绳断了，氢弹又掉入海底，"阿尔文"只好又潜入海底去寻找，在它第30次下潜时才找到氢弹。氢弹躺在一条 70°斜坡底部的裂缝里。这一回，美国派出了水下机器人科沃去打捞氢弹。

科沃是美国海军 1958 年研制的不载人遥控潜水器，也叫无人遥控水下机器人，它是专门用于在水中回收鱼雷的，过去一直默默无闻。

这一回可轮到科沃露一手了，人们只见科沃潜到海底，把一根缆绳系在氢弹上，然而，与氢弹系在一起的降落伞死死地缠住了科沃，科沃仍坚持缓缓上浮，舰艇上的大吊车急忙把科沃拉出水面，只见机器人科沃手中紧紧抓住的，正是"阿尔文"在水下打捞了几十次而最终未能打捞起来的那颗氢弹。

科沃捞氢弹一举成功，这消息立即传遍了全世界，科沃的成功，为机器人的历史写下了光辉的一页。

科沃后来还有一个三捞"不死鸟"的趣事呢。

1976 年 9 月，美国一架当时非常先进的 F－14 战斗机，带有先进的"不死鸟"导弹，从"肯尼迪"号航空母舰甲板上跌入了大海。不巧正好被苏联巡航舰看见了，苏联当局立即又增派两艘巡洋舰驶进这一海域，企图伺机打捞。

美军立即派来"沙柯里"救援船驶入现场，并从阿巴丁港又把科沃运到现场。救援船找到 F－14 战斗机后，科沃下潜到海底，用机械手臂把钢缆穿过 F－14 战斗机的底部，把它捆好，"沙柯里"救援船的绞车开始起吊 20 吨重的 F－14 战斗机。但是，当接近海面时，钢缆断了，战斗机又跌入海底。

科沃只好第二次下潜打捞，可是在起吊战斗机时，钢缆又断了。

科沃又进行第三次打捞。这时却发现挂在战斗机上的 6 枚"不死鸟"导弹不翼而飞。这情况真叫美国着实紧张了一阵子，这几枚长 3.9米、直径 38 厘米的导弹，难道是被正在海面巡逻的苏联巡洋舰给捞走了？

后来，经过科沃仔细寻找，终于找到了那几枚"不死鸟"，它们一一散落在海底。原来，悬挂在导弹装置上的闭锁机构被碰开了，导弹脱

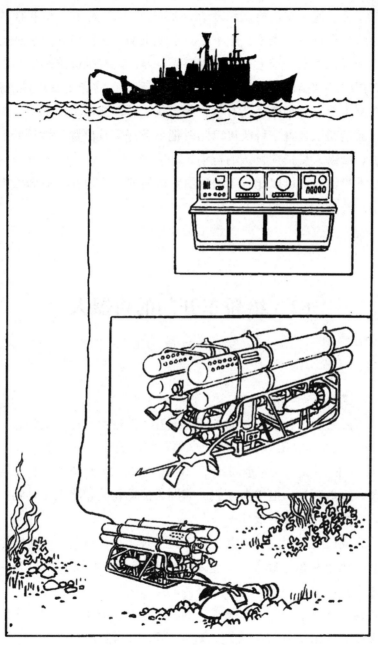

水下机器人回收氢弹

离了战斗机。这一次，科沃终于在海底把 F—14 战斗机和 6 枚"不死鸟"导弹全都打捞出来了。这下子，水下机器人科沃更加大名远扬。

科沃身长 4 米，身上有 4 个大浮筒，浮筒上有推进器和控制器；身前装有探照灯和摄像机，还装有一个机械手。它的身上有声波探测器，可以探测出前方的物体；还有位置测定仪，可以测出自己的下潜深度和位置。通过通讯装置，科沃可以随时把下潜深度及位置告诉母船上的操纵人员，操纵人员指挥科沃的行动。

水下机器人，可以比人下潜到更深的海底，可以在深海做人无法做到的事。

62　给轿车开门的机器人

——固定程序机器人

电视屏幕上，一名广告商人正满面春风地推销商品，他说：

"……汽车远销五大洲，信誉卓著。它能适应 −60℃ 的低温，也能适应 180℃ 的高温。车体坚固，车门闭锁可靠。您要到撒哈拉探宝、麦加朝圣、极地观光、地中海度假、非洲天然动物园领略野生动物的情趣的话，它都是您最好的伙伴……"

广告商的笑脸刚过，屏幕上马上就出现了一片绿色的草坪，草坪上停放着一辆银灰色小轿车，旁边有一个机器人，每隔 3 秒拉开一次车门，之后车门又自动关上。

机器人哧哧地排气声和关车门的乒乓声交替响个不停，一旁的计算机在不断地显示出开门的次数，数字显示，机器人已把车门开了近 29 万次，但轿车车门仍完好无损。

这是机器人在为汽车作广告，说明这种车的车门经得起几十万次的开关，其实它同时也宣传了机器人自己的优越性能。这个机器人每天24小时不停地工作，它不吃不喝不休息，准确地、不疲倦地连续干了10天！

　　机器人最适合用来代替人干单调、呆板、无限重复的工作和脏、累、危险的工作。

　　也许你会认为，这台广告机器人工作干得这么好，它一定很复杂、很高级吧！其实不然，这台给轿车作广告的机器人，可以说是最低级的机器人了，也可以把它称为专用机械手。它还排不到机器人三代之内呢。第一代机器人是示教再现型机器人，或者是程序可重复改编的机器人；第二代机器人具有感觉装置，在外界条件变化时，也能够很好地完成任务；第三代机器人是智能型的，具有学习、识别、记忆、思考、判断、决策等能力。

　　而这个广告机器人是固定程序的机器人。在机器人大家族中，它的结构比较简单，价格低廉，动作不多（比如，伸出手去，抓住门把，转动门把，拉开车门……），用来完成这些动作的驱动系统也很简单，常采用气动和液压系统。气动式驱动系统的机器人常用于动作要求不高，操作力不大，对它体积没有限制的工作环境中。

63　赛克的智力比猩猩高

——第一台智能机器人

　　工业机器人于1960年问世，没过多久就得到人们的赞许，很多人（尤其是研究人和动物智能的专家）特别关心：机器人将来会不会具有

智能呢？1969年，美国斯坦福研究所用他们制造的机器人赛克进行了实验。

赛克是一种"眼－车"系统装置，它的身下有三个轮子，可以转动，可以前进、后退；眼睛是电视摄像机和光学测距仪，能看清周围的东西。赛克身上装有猫胡子式的触觉传感器和计算机，当它碰到障碍物时，触觉传感器可以发出信号，计算机接到人的指令后，能够自己安排行动路线以及做出动作。

这样构造的机器人，在当时是第一台。实验的目的是检验赛克的智能水平。

科学家下达了指令：把平台上的一个箱子推下去。赛克通过无线电接到指令后，在原地转了一下，看到了平台，然后向平台走去。平台四周是直立的壁，赛克上不去。于是赛克向四周环顾着，围绕着平台转了20分钟，终于想出了办法，它向屋角处的一个斜面台子走去，走到斜面台子后面，把斜面台子向平台推去。碰上障碍物时，它就绕过去。最后，赛克把斜面台子靠在平台边上，然后顺着斜面爬上了平台，再把平台上的箱子推了下去，完成了任务。

赛克的实验结果告诉人们，机器人的智能（当时的水平）比猩猩要高些。因为过去科学家曾对猩猩做过摘香蕉的实验：一串香蕉挂得很高，猩猩蹦跳了好多次都够不到。后来它发现旁边有只箱子，就把箱子推过来，爬上去，把香蕉摘了下来。而其他的动物则不会利用箱子。这说明猩猩会用简单的工具，表明它具有一定的智力。而机器人赛克的表现比猩猩还出色，因而科学家认为机器人赛克的智力比猩猩高。

赛克的智力从何而来呢？是计算机中编写的程序产生的。这就好像大人教小孩一样："够不到的东西就爬上去拿"，"爬不上去就找东西垫高点再上去"，"没东西就自己找"，"遇到障碍就绕过去"……小孩有了知识，就可以自己想出办法，把放到高处的东西拿下来。人们给机器人的计算机也编进了不少程序，都是一些处理问题的基本规律。当机器人遇到难题时，计算机就会根据程序上编好的知识，去进行分析，进行判断，最后找出办法，这就是机器人为什么会有智力。

因而我们可以明白，机器人的智力，实际上是人（设计者）教给它的。

64　从轮子到步行

——双足行走机器人

科学幻想故事中的机器人走路如飞，神通广大，但现实中的机器人，则几乎不用双腿走路。

这是因为机器人用双腿行走时，它的重心问题很难解决。什么是重心呢？比如两条腿的凳子，立在地上很容易摔倒，这叫"静不稳定"。如果让两条腿的凳子立住了，你推它一下，它也会马上摔倒，这叫"动不稳定"。两条腿凳子容易摔倒的原因，是因为它身体重量的中心点（重心）离开了支撑点——即两条腿的支撑面。可是你会问：人用两条腿走路，为什么不会摔倒呢？因为人走路时能根据重心的移动，不断调整身体，使重心总是落在两条腿的支撑面上。而且人的下肢有几十个关节，很多条受神经支配的肌肉，它们能协调身体运动。那么，是不是就没有办法开发用双腿走路的机器人了呢？

日本早稻田大学加藤一郎教授主持了一个开发双足步行机器人的研究室，在1969年研制出世界上第一个用双腿走路的机器人WAP－1。1972年，他们又制造出了一个功能更全的双腿走路机器人瓦鲍特。瓦鲍特高90厘米，重130千克，是属于"静态行走"的机器人，也就是走路时，至少有一只腿支撑重心，不让自己摔倒，因此它走得很慢，一小时才走12米。但是，瓦鲍特身上装有许多传感器，所以，它的功能

较全。有一次，加藤教授说："瓦鲍特，给我倒杯茶！"它听到后，用眼睛寻找茶壶，看到后走过去，慢慢伸出手，拿起茶壶倒了茶。教授说："谢谢！"瓦鲍特还会说："请。"

1981年，加藤一郎的研究室又研制出了双腿行走的更灵活的、属于"动态行走"的机器人WL－DR。动态行走的意思就是，机器人在走路时，能类似人那样灵活地转移、调整重心，有控制机构和系统，能控制机器人的重心前移，使机器人既不会倒下来，又能不断向前移动。

WL－DR机器人能9秒钟走一步，每步行走0.45米，可以上台阶，也能后退。这台机器人高80厘米，重40千克，在步行机器人发展史上有很重要的意义。

科学家为什么要研究发展用双腿走路的机器人呢？机器人用轮子移动不就行了吗？而且采用轮子行走，结构简单，容易控制，如果需要它在松软的地面上行走，还可以在轮子外面加上履带。

但是，如果人们需要机器人在凹凸不平的地面行走，或者跨越壕沟，上下台阶，灵活转动或跳跃，甚至可能要求它在行走过程中不能踩死一只蚂蚁……那靠轮子移动的机器人就不行了，只有用双腿走路的机器人才行。

现在，双腿走路的机器人已经有了很大发展，行走速度也很快了。但是它们跨越沟壕、绕过障碍物等许多能力比人还差得很远。而且，这种机器人又因造价太高，至今还没有更多的具体应用。

65　展览会上的机灵鬼

——初级智能机器人

1981 年 5 月，在法国巴黎航空航天展览会的美国佩尔利仪器公司的展区，当时的北京航空学院院长沈元看到一个机器人。这个机器人见到沈元后，马上慢慢地走到沈元身边，用英语问道：

"您贵姓？"

"我姓沈。"

"沈先生，您好！"这个机器人知道沈元的姓名后，就很亲热地叫起"沈先生"来了，并且很有礼貌地问道：

"沈先生，您能不能和我握手呢？"

沈元看到机器人热情伸来的双手，像两个钳子似的，开头有点害怕，但他立即想到，不能在机器人面前示弱，就和它握了握手。机器人很满意地说：

"我感到很荣幸。"

沈元想进一步了解机器人的水平，就问：

"你几岁了？"

机器人立即回答："9 岁了。"接着它反问道："您几岁了？"

沈元想给它个出其不意的回答，便含糊地说："当然，比你老得多了。"

机器人听后，也来了一个出乎意料的回答："是的，从您的样子可以看得出来，您已经度过了很多可尊敬的日子。"

沈元又问道："你会做几件事？"它回答说："我能讲英语，能说以

机器人与人跳舞

拉丁语为根的各种语言，我还有一点小小的智能。"

第二天，中国代表团的同志听沈元的介绍后来到这一展区。机器人一见中国人就说："你是东方人。"原来它是从皮肤、眼睛和头发的颜色来推断的，它会辨别颜色。

正在这时，展览会的新式战斗机开始飞行表演，从远而近传来了"轰隆隆"的声音，飞机从屋顶掠过，人们向飞机飞行的方向望去。机器人竟转过头来，斜着向上望了望，说了一句："真讨厌！"把人们逗得哈哈大笑。

过了一会儿，机器人又出了一个新主意："你们谁和我跳个舞?"一个外国姑娘说："我很想同你跳舞，但不知道怎么个跳法。"机器人回答说："踩到我的圆盘上，双手搁在这里。"它用手指着自己的肩膀。这位姑娘真的按照机器人说的做了。机器人的嘴里响起了音乐声，人与机器人一起跳起舞来。机器人身下的圆盘里有轮子，机器人就是靠轮子移动的。

这个机器人是初级智能机器人。它有眼睛（摄像机）、耳朵（传声器）、口（喇叭）和计算机。它的计算机是控制中心，设计人员在计算机中存进许多程序。机器人就是利用这些程序分析人的问话，找出回答，并控制语音合成装置发出声音，能够与人做简单的谈话。它还能利用预先编制的程序，控制手臂和脚（常常是轮子）进行准确的、灵活的运动。

但是，这种初级智能机器人还不具有自学知识的能力，不具有利用已有知识进行独立思考和自主进行决策的能力，这些能力是高级智能机器人才具有的。

66 不幸的事件

——机器人的过失

1981年7月的一天，日本许多报纸用大字标题刊登了一条惊人的新闻：

"机器人杀死了工人。"

"一个工业机器人杀死了一个修理它的工人。"

接着，电台也报道了这一不幸的事件。

7月4日早晨5点多钟，日本兵库县川崎重工业公司的一个叫明石的工厂里，汽车齿轮加工车间的机器人发生了故障。当班的修理工人浦田宪二奉命去修理它。

机器人工作的地方是用铁栅栏围起来的，禁止人入内。如果人想进去，打开铁栅栏门后，电源会自动切断，机器人和机床将停止工作。

但是，浦田宪二没有打开铁栅栏门走进去，而是翻过铁栅栏进去的，他想用开关控制机器人。

浦田宪二修理好机器人，收拾好工具准备离开时，一不小心，碰了一下启动开关。不幸的事情发生了，机器人的铁手将他牢牢地抓住，把他当成汽车齿轮放到工作台上，加工起来。

浦田宪二大喊救命，百般挣扎。但是，机器人又瞎又聋，它不顾浦田宪二惊慌的呼叫，死死地抓住他不放。有不少工人闻声赶来，可惜，他们之中没有一人知道如何控制机器人，如何才能使机器人停止下来，只有眼睁睁地看着浦田宪二被机器人放到加工齿轮的车床上被机器压死了。

事后，工厂的官员说："如果浦田宪二打开铁栅栏门进去修机器人，电源切断了，就不会发生这样不幸的事件。"

劳动标准局的官员说："工人的技术不熟练，忽视新型机器的操作规则，当然会出现伤亡事故。"

因此，这起事故的发生，只能算是机器人的过失，严格地说是操作工人没有按照操作规程去做所致。

这次事故警示人们必须重视操作规程，有关工厂应及时对工人进行技术培训，让工人对机器人有更深的了解，以减少由于机器人的过失给人们带来的危害。

当然，随着机器人技术的发展，机器人应用的普及，科学家在设计机器人时会增加多层次保护措施，使它对人的误伤越来越少。

67　获得首次采访的荣誉

——"英雄"一号机器人

工业机器人问世以后，逐渐发展，已从第一代机器人发展到第二代、第三代。第一代机器人能够在人的"教导"下，学会人所教给它的工作之后，能自动地反复干下去。但它们多是"瞎子"、"聋子"、"哑巴"，对外界没有感觉能力，它的动作按照不同需要是可以改变的。第二代机器人又称适应型机器人，它具有"感觉器官"，对外界的环境条件变化有感觉能力，电脑对感觉到的信号加工，作出判断，产生控制作用，操纵手和脚完成各种工作任务。第三代是智能机器人。智能机器人有电脑，能听、能看、能说，能够判断外界变化，有记忆、推理、决策的能力，能完成复杂的工作任务。智能机器人从20世纪70年代开始研

"英雄"一号机器人

究，到20世纪80年代已研制出能为人类服务的初级智能机器人。

1982年美国有一家希思公司，制造出一种初级智能机器人"英雄"一号。

"英雄"一号有一米多高，是个矮胖子；脚有三个轮子，用来走路；有一只灵活的手；身上有触觉装置，用来防止碰到障碍物；还有声音合成装置，会说话；能听懂人的一些简单话语；有电脑，人可以通过它身上的输入键盘对它下命令。

1983年底，美国《人民》杂志记者米莉·格林沃尔特采访了"英雄"一号，这是人类第一次采访机器人。请看记者和机器人的采访对话。

机器人：哈罗，请允许我自我介绍一下，我叫"英雄"。你长得真迷人呀！你的愿望就是对我的命令。

记者：谢谢你，你才华横溢，可你到底是什么呢？

机器人：我是一个机器人，有电脑、滚轮，是由电子装置控制的。我身上还有传感器，可以探测光、声以及障碍物。我可以按预先拟定的路线行走，还会捡拾东西。

记者：你怎么会说话呢？

机器人：设计人员把64种基本语音的音素，编制成程序输入到我的电脑中，所以，我几乎什么都会说，还能够说多种外国语，还会唱歌。

记者：你到底会做哪些有实用价值的事呢？

机器人：编制程序的人教我做什么，我就能做什么。比如，我会斟茶、写自己的名字、为主人看家；若是有人闯入，我会高叫"警报！警报！"；我还会帮助孩子学习，陪孩子玩……

记者：英雄，我还有一个问题……

机器人：哎哟，电压偏低……（采访告一段落）

从机器人的回答中，你可以看出"英雄"一号的构成、功能、用途。"英雄"一号还有一种特殊用途，就是可以作为教具用。"英雄"一号售出时是一套零件，可由学生自己把它们装配成完整的机器人。学生还可以用示教键盘自己来编制程序，让机器人完成各种动作。通过这种途径，使学生学到机器人的有关知识。所以，"英雄"一号又是一种教学机器人。

68 太空中抓卫星

——机械手的威力

"太阳峰年"卫星是美国 1980 年发射的专门用于探测太阳活动的卫星，因为太阳黑子的活动对地球的气候、灾害影响很大。但是这颗卫星出现了故障，不能对准太阳，失灵了。若是再发射一颗这样的卫星，要花 2 亿美元。所以，科学家希望用机械手把太空中失灵的卫星捉回来修理好，再把它送到太空轨道上，继续探测太阳的活动。

1984 年 4 月，美国的"挑战者"号航天飞机飞入太空，航天飞机上带了一个加拿大机械手，准备用这个机械手把已经失灵的"太阳峰年"卫星捉回来。

机械手比人手大得多，但在结构上它也有大臂、小臂、腕、手爪等，也像人手一样，可以伸出去或缩回来，抓取东西或完成操作动作。因为它只能模仿人手的动作，代替人手去完成某些工作，所以叫机械手。机械手可以说是早期工业机器人的雏形。

这次航天飞机上带去的加拿大机械手有 15 米长，可是由于卫星自转得太快，机械手怎么也抓不住它。航天飞机上的宇航员向地面报告，请求地面控制站把卫星的自转速度降下来。美国马里兰州航天中心的科技人员用无线电命令卫星把自转速度降低了。

为了能追赶上卫星，"挑战者"号航天飞机又用火箭使航天飞机加速，在绕地球飞了三圈之后，航天飞机终于追上了这颗卫星。航天飞机与卫星的距离越来越近了，宇航员哈特在航天飞机的密封舱内，全神贯注地操纵机械手。当航天飞机距卫星只有 15 米时，宇航员把机械手伸出去，这次准确地抓住了这颗卫星。哈特这时异常激动，他兴奋地向地面指挥中心报告："我们把它抓住了。"

当时的美国总统里根当即向他们表示祝贺：

"你们用机械手抓回了那颗卫星，为人类作出了一次巨大的贡献，具有历史意义！"

宇航员们将抓住的卫星送回航天飞机的机舱内，宇航员范霍夫和纳尔逊将卫星放到航天飞机修理台上，他俩只用了3个多小时，就把这颗失灵的卫星修理好了。后来又用机械手把这颗卫星送回了运行轨道。这颗已经有3年时间不能对准太阳、只是在太空中空转、失去了观测作用的"太阳峰年"卫星，又能准确地对太阳进行观测了。

这次成功，宣告了一旦卫星出了毛病就只好让它在太空中报废的日子一去不复返了。人造卫星一般都是耗费了大量人力、物力和时间才研制出来的，如果有个别部件出了毛病就丢弃它，实在可惜。用机器人在太空中回收失灵的卫星，修复好了以后再送回太空继续运行和工作，其经济效益是相当高的。

69　越潜越深

——深海机器人

1969年，苏联戈尔夫级攻击型导弹潜艇在夏威夷西北海域失事，掉进5000米深海海底，潜艇上80名艇员无一生还。美国海军的岸边声纳站记录下了这只潜艇失事时的爆炸声。美国想打捞这一潜艇，以便探测苏联的潜艇和武器装备的秘密。但是，当时美国还没有可潜入5000米深海海底的打捞设备，于是美国秘密制造了一艘深海作业船"格拉玛

勘探者"，并于 1974 年正式下水。

这艘深海作业船上有三个大吊车，可以吊 7000 吨的重物，还有一个大型蟹爪式水下机器人克莱门蒂。克莱门蒂的一对大眼睛是两个照明灯和电视摄像机，摄像机能按要求转动自己的拍摄角度。

操作人员在作业船上，用吊车把克莱门蒂放到水中。克莱门蒂缓缓下沉，操作人员从电视荧光屏上监测它。克莱门蒂的手是 5 对夹钳，确实有点像海蟹爪。在海底，克莱门蒂真的发现了潜艇，并且把潜艇用钢缆捆住了。可惜，吊车在起吊时，这艘长为 97.5 米的潜艇从中间断裂了，潜艇尾部又从 2600 米的深处坠入海底，只捞上来潜艇前部，不过也从中获得苏联制造的导弹、鱼雷和一些军用密码情报。美国将这项工程取名"詹尼弗"，一直是保密的，直到 1977 年才逐步透露。

这是水下机器人在军事竞争中的作用。在这之后，水下机器人的研制和应用又有很大发展，主要用于深海科学考察。

1994 年，日本派"深海 6500"号机器人探测了世界上最深的海沟——马里亚纳海沟，它下潜到马里亚纳海沟中最深的查林杰海沟 10909 米处，用电视摄像机拍摄了海沟情况，使人们得知这么深的海底是一片"海下沙漠"，此外它还测量了海沟的水温。因此，"深海 6500"号机器人，实际是无人深海探测器。

"深海 6500"号水下机器人的身上有各种测量仪器，还有具有感觉的机械手，这样的机械手能不损伤物体而把物体抓住，它由海面上母船中的操作人员进行操纵。

为调查勘测海洋，世界各国都大力开发深海无人探测器，也就是深海机器人。中国已研制成深海机器人，可下潜到水下 6000 米，并于 1995 年进行了成功的试验考察工作。

海洋是资源宝库，具有广阔的开发前途，海洋开发需要深海机器人。

70 "骆驼"会写大字

——示教再现型机器人

1986年7月，在北京农业展览馆里由原兵器部举办的展览会上，一台2米多高的名叫"骆驼"的机器人，手里正拿着一支大笔，为观众表演写大字。

只见"骆驼"把手中的笔伸向墨碗中，轻轻沾上墨汁，之后，它的铁胳膊左摇右摆，手腕上翻下压，很快地写出一个斗大的"虎"字来。表演一次又一次，观众一批又一批。观众对机器人的表演赞叹不已。有的观众非常喜欢这个"骆驼"机器人所写的大字，索要写好的字，说要带回去收藏起来。

这台"骆驼"机器人，是为根本改变喷沙工人的劳动环境而研制的。原来，有一种喷沙工作，由于喷枪喷出的沙粒高速地打在工件上，沙子四处飞溅，尽管有防沙罩，但是，罩外仍是沙土飞扬，让人透不过气来。过去干喷沙的工人，年龄还不是很大就因患职业病而退休了，有的还早逝了。

1983年底，中国四川望江机器厂领导为了改善喷沙工人的劳动环境，决定研制机器人，由机器人来代替工人做这个工作。北京工业学院自控系承担了这个设计。他们设计的这个机器人由计算机控制，是具有5个自由度的关节式示教再现型机器人。什么是5个自由度呢？就是指机器人能够独立运动的数目是5个：它的机身可以左右旋转，大臂可以上下运动，小臂可以相对大臂转动，手腕可以俯仰和回转等。示教再现型机器人的意思是：首先需要有"示教"过程，即由人先用示教盒发出指令，告诉机器人应该做哪些动作，当机器人的机身、大小臂和手腕等按照示教指令准确地做了一遍这些动作后，机器人的记忆装置就会把这些动作的顺序、位置和时间自动记录下来。以后，机器人就会按照这个记忆，忠实地再现示教动作。这就是示教再现型机器人。

当然，在 20 世纪 80 年代的中国，设计、制作这样一个具有 5 个自由度并能示教再现的机器人，困难是相当大的。但是北京工业学院自控系的设计人员，经过一年多的努力，终于把这台喷沙机器人设计出来，由望江机器厂加工安装，调试一次成功了，设计人员给它取名"骆驼"。

"骆驼"机器人在正式去工厂工作之前，先送到了展览会。因为它是一个示教再现型机器人，设计操作人员先示教它书写一个龙飞凤舞的"虎"字，当然它也就能一笔不错地再现出来，不明内中缘由的观众，看到它出色的表演，当然惊诧不已，留下了深刻的印象。

这位"骆驼"机器人已经能够在它的正式工作岗位从事喷沙工作，它任劳任怨，工作认真负责，把喷沙工人从有损身体健康的工作环境中解脱了出来。

71　里根总统的邮包发出了"滴答"声

——排险防爆机器人

1983 年 11 月的一天，在美国肯尼迪机场，邮政局的职工在分检邮件时，发现了一个邮包。邮件上清清楚楚写着：华盛顿，白宫，总统府，罗纳德·里根收。邮包来自加拿大。这些都没有什么异样，奇怪的是，从邮包中发出"滴答"、"滴答"的响声。这会不会是定时炸弹呢？

这个情况立即被报告给了邮政局局长。邮政局局长听到报告后亲临

法国研制的防爆机器人

现场，为防止意外，立即让邮政职工疏散，并且马上报告了警察局。

很快，一辆警车载着十多名警察迅速赶到机场。他们用 X 光扫描仪检查邮包。扫描仪显示出的阴影确实像定时炸弹之类的东西。但是排除定时炸弹是很危险的事，一不小心就有可能发生伤亡事故。他们马上向警察总部作了报告，请求把防爆机器人哈曼派来，处理这个危险邮包。

哈曼立即被运来了，下车后，它慢慢地移动到邮包前，用手上的钩子把这个长 46 厘米、宽 30 厘米的邮包钩了起来，并把邮包搬到专供拆卸炸弹的卡车里，运到了打靶场上。哈曼打开邮包一看，里面哪有什么炸弹，原来是一个用纸包着的铁匣子。匣子里装的是一个由玩具电机带动的钟摆，正在发出"滴答"声，原来这是一起恶作剧。

虽说机器人哈曼这次排除的只是一枚假的定时炸弹，但作为防爆机器人，哈曼的这次排险行动还是有意义的。

当时的防爆机器人是遥控式的，也就是人在安全的地方，通过电缆（有的是通过无线电）传送指令，控制机器人完成操作。而机器人则通过身上的摄像机，将拍摄到的现场影像传送到操作者面前的电视显示屏幕上，以供操作人员了解现场的情况，好发出控制指令。

到 20 世纪 80 年代末，由于人们使用的爆炸物不断得到改进，防爆排险机器人的功能也有了很大发展。有的防爆机器人制作小巧，能进入楼房内，能绕过障碍物；它的手臂灵活，有力反馈传感器，当它去拿爆炸物时，不会太用力，不会产生震动，不会把易爆物碰撞引起误爆，而是能平稳地把易爆物搬到特制的防爆装置中。

有的防爆机器人运动灵活，可以到处去值勤。如澳大利亚研制的排爆机器人针鼹，它脚下的轮子还有履带，能在不平的地方、有草的地方、泥泞的地方行走，还可以爬斜坡、上楼梯。它的手臂长达 1.25 米，能转动 225°，能举起 30 千克重的东西。它还有两台摄像机，一台用来观察环境，另一台用来观察爆炸物。

72　本月份警察标兵

——警察机器人

1984年1月的一天，在美国纽约市，有两个抢劫犯从监狱中逃了出来。他们持枪劫持了一辆汽车，用枪逼着汽车司机为他们开车。由于怕伤了被劫持的司机，追捕逃犯的警察没有开枪，使这两个犯罪分子逃进了阿尔米兰的一所公寓里。两个犯罪分子躲在大楼里，凭借有利的条件，负隅顽抗，与警察展开了枪战，相持了30多个小时。警察有3人受伤，但是罪犯仍在楼内不出来。

这时，警察总部派来了一辆警车，从车上抬下一个铁家伙，这是机器人警察RM－3。

RM－3机器人警察有1米多高，它根据指命，立即向楼房冲去。两名罪犯一见这个怪物，不知是什么东西，慌忙向它连连开枪，子弹不断打到机器人身上。但是，机器人毫不在意，也无损伤，仍然是从容不迫地向楼内冲去。几分钟后，枪声停止了，RM－3发出了信号，告诉楼外的警察：罪犯分子已全部解决了。

警察进大楼一看，两名犯罪分子都躺倒在地上，一名躺在客厅里，一名躺在洗澡间。

RM－3机器人警察在这场追捕逃犯的行动中立了大功，获得了警察总部颁发的本月份警察标兵奖。它是第一个获奖的机器人警察，它的职务是"远距离流动调查官"，是可移动的机器人警察。

纽约市警察局拥有世界上第一支机器人刑警队。

机器人警察是用轮子行走的，计算机控制轮子转动的快慢和方向。

机器人警察身上有电视摄像机，能够自动地拍摄现场，向有关部门提供现场的各种资料和证据；有强光灯，可以用来照射犯罪分子，使犯罪分子无法看清周围的东西而被抓获；有枪和麻醉枪，能自动瞄准犯罪分子，把他击毙或用麻醉枪击倒后活捉；有红外线传感器，可以接收到人体发出的红外线从而发现目标；还有超声波传感器，能发出超声波（人耳是听不见的），超声波遇到物体会反射回来，于是传感器接收到反射回来的信号，就能判断出物体的方位和大小。

机器人警察身上装备的计算机，遇到各种突然的信号，能做出判断和处理，指示机器人如何行动，还能记忆应该巡查的路线。

日本、新加坡等地的交通警察机器人，能检测出汽车是否超速行驶，有的还能回答过往行人提出的问题。

73　护士海尔普曼特

——服务机器人

美国的英格伯格在与德沃合作制造出第一台工业机器人之后，又开始研制新的机器人——服务机器人。

英格伯格制造了一个名叫艾萨克的机器人，它有轮子，可移动，并具有灵活的关节式机械手。艾萨克会打开橱柜，取出一个大杯子，倒入咖啡，然后打铃告诉主人咖啡已经准备好了。

英格伯格认为，世界上需要活动机器人的市场将会超过需要工业机器人的市场。活动机器人主要是指服务机器人、特种机器人和军用机器人。英格伯格说："我要使机器人能擦地板，做饭，走到门外去洗刷我的汽车和检查安全等。" 1984年，他卖掉了尤尼梅逊公司，建立了飞跃研究公司，专门研制服务机器人。

英格伯格的飞跃研究公司制造了三种服务机器人：擦地板机器人、护士机器人、检查电线的机器人。其中护士机器人大受欢迎。

护士机器人海尔普曼特，1989年10月开始到美国康涅狄克州丹伯里市一所医院上班。它在医院的走廊里穿梭来回奔忙，为病人倒水送饭，端茶递药……

原来海尔普曼特身上装有超声波探测器和计算机导向系统。计算机中存有医院各区域的位置，医院管理人员只需在海尔普曼特背后的键盘上按几下，输入指令，它就会自动地为需要它的病人服务，有条不紊地干活。

海尔普曼特的脚是轮子，当它遇到障碍物时，会发出声音，提醒人们搬开障碍物；它还会用无线电召唤电梯，以便上下楼。

海尔普曼特每天可连续工作24小时，能顶4名护士工作；可以租用，租价当时是每小时5美元，夜间每小时只需3美元，比一般工人工资低好几倍。

英格伯格并不因为已制造出这三种服务机器人而满足。他最大的愿望是研制一种家用机器人，这种机器人有视觉、触觉，有智能，会烧饭、打扫卫生、报警、照顾老人和病人等。英格伯格认为造出这种机器人是有可能实现的。

74　一丝不苟的老师

——教学机器人

在美国有一所中学，很多年以前，由于受到社会上某些不良影响，

一些学生不认真学习，缺课率高，有的学生根本就不到校，有的到校后不遵守课堂秩序，学校几次想办法都解决不了。

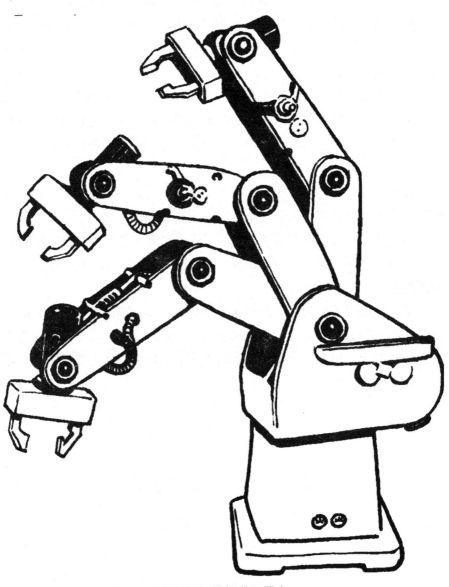

我国研制的教学机器人

教师们都说管不了，校长苦无良策。

这时，世界上机器人得到了很大发展，除了服务工业生产，机器人还能干许多事情。有人提议，机器人铁面无私，忠于职守，执行命令一丝不苟，让它来管管学生吧。于是学校购进了机器人。

学校引进机器人后，就由它进行监督。每天从上学到放学，机器人把学生旷课、迟到以及各种表现都记录下来。然后，它根据记录的内容，选取其中重要的事情，给学生家长打电话，汇报学生在校的表现。

自从引进机器人后，学生的上课率提高了，课堂秩序变好了，学生不敢轻易地调皮了。有的学生说："机器人干嘛那么认真地帮助学校管我们?"有的学生则说："机器人不吃不喝，工作不怕累，又认真，让它代替我们校长好了。"

其实，机器人不仅在学校，在家里也可以帮助学生学习。如美国的机器人"英雄"一号、机器人托仆，就都能够帮助学生复习功课，提出问题，回答问题。机器人"英雄"一号购买时是散件，可由学生自己安装并编制程序，便于学生直接了解机器人的构造。还有一种叫犀牛的机器人，专供工业机器人教学时使用，使得教学更直观。

中国在20世纪80年代末研制出一台JTR－1型小型教学机器人，它有5个关节，使它运动的"肌肉"是电动机。这个机器人采用透明机壳，专供教学用，使学习者能一目了然地看清机器人的结构。

20世纪80年代末，英国的米德尔斯布勒系统控制公司研制出一种放置在桌面上的小型机器人，它能帮助学生做笔记，或者进行化学实验，也可以和学生下棋。这也是一种教学机器人。

学习医疗专业和其他医科的大学生，还可以用一种教学机器人进行实习。

国外有的大学，在学生毕业时，还请教学机器人来参加毕业典礼并发表讲话呢。

75　贝林格战胜了妻子

——陪练机器人

在美国有一位79岁的老人，名叫贝林格。他非常喜欢和妻子打乒乓球。每天早上，两位老人身穿运动服，脚踏运动鞋，在自己起居室的活动间里打乒乓球。他们不仅借此来活动身体，而且还十分认真地进行正规比赛。但是，贝林格经常输，他很想提高球艺。

贝林格想来想去，想到制造一个机器人来陪自己练球。

贝林格退休前是一家公司的机械工艺师，很会摆弄机械。没用多少天，他就想好了一个设计方案，画出了设计图纸。他又到处找材料，买元件，联系加工。不久，贝林格自己把机器人组装起来了，这是一个机器人陪练员。

这个机器人陪练员外观并不像人，更像一台吸尘器。在机器人的肚子里能装许多乒乓球，它能以25米/秒的速度把球发出去。机器人的上部还有一个翼，能把对方打来的球回收到肚子里。

贝林格在这个机器人的陪练下，打球的技术提高很快。发球的技艺更刁钻，接旋转球的本领也大大提高。没过多久，他就可以很轻松地战胜自己的妻子了。

后来，美国乒乓球队、日本乒乓球队都开始用这种机器人进行陪练。

76 找到森林中迷路的小姑娘

——机器人森林警察

1985 年的一天，在英国苏格兰的一个小镇里，有一个小女孩独自到森林中去采蘑菇。她越走越远，当她想回家的时候，找不到回家的路了。在茫茫的林海中，她迷失了方向，走了一天一夜，还是找不到出路。

孩子的爸爸妈妈见小女孩很久还不回来，就到处去找，没有找到，十分着急。邻居和亲友们也分头去找，在森林中大声喊叫，整整找了一夜，仍是毫无踪影。

他们只好去向森林警察求救。原来森林警察有一种无人驾驶的飞行器，就是飞行机器人，它体重只有 35 千克，比一般人要轻。不过它在空中飞行速度很快，每小时可达 110 千米。它最高能飞到 3000 米的高度。

这个机器人的眼睛同其他机器人的眼睛不一样，是一个热观测仪，一种对热辐射非常敏感的仪器，飞行机器人就是靠这个热观测仪监视森林火灾的。

森林警察命令飞行机器人行动。飞行机器人在茫茫林海的上空开始搜索。突然，它发现森林深处有一个异常的热斑点，这表明热观测仪观测到这个地方的温度比周围地方的温度要稍高一些，于是飞行机器人把这一情况报告给地面的森林警察。森林警察马上赶到这个地方搜索，这个异常的热斑点，果然是从小姑娘身上发出的热红外线，被飞行机器人侦察出来了，于是那位迷路的小姑娘很顺利地被找到了。

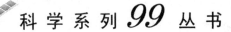

机器人寻找迷路的小女孩

飞行机器人使小姑娘意外得救，全家人都万分惊喜，衷心感谢机器人的救命之恩。许多国家的报纸杂志也作了报道。

当然，这只是飞行机器人附带完成的一项任务。飞行机器人每天主要监视着森林中有无发生火灾的迹象，这对保护森林的安全，作用可是大着咧！

77　在深海寻找黑匣子

——水下机器人"圣甲虫"10号

1985年6月的一天，印度航空公司的一架波音747喷气式客机，在伦敦飞往孟买的途中，突然失事坠入大西洋，一颗正在绕地球飞行的卫星，收到了飞机坠入大海之后由黑匣子自动发出的求救信号。卫星将这一消息传送给法国卫星地面接收站。法国一支救援队伍开进了失事海域，并由飞机运来了水下机器人"圣甲虫"10号，寻找黑匣子。

黑匣子是飞机上的飞行记录仪，它可以记录飞机飞行的高度、速度、航向以及驾驶舱内机组人员与地面无线电通话的内容。若飞机发生事故了，记录仪会保留事故前的实况录音。因为记录仪放在密闭的铁匣子中，所以，人们常称它为"黑匣子"。

"圣甲虫"10号依据卫星提供的失事地点在海底搜索，它连续工作了40多个小时，终于找到了失事飞机的残骸。

"圣甲虫"10号机器人打开了飞机的驾驶舱，沿着黑匣子发出的信号，找到了黑匣子。它用铁手臂把黑匣子紧紧抓住，浮出水面。

机器人捞出这个黑匣子后，人们很快就弄清了飞机失事的原因。原来，一个犯罪分子在一名旅客的行李箱子中放了一颗定时炸弹。在飞机

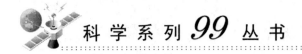

飞临大西洋上空时，炸弹爆炸了，飞机坠入了大海。

"圣甲虫"10 号是一台不载人的遥控水下机器人，它的身上有一条动力和通讯电缆与海面上的母船相连。它身上有操作手臂、摄像机、声纳装置、照明设备等，当照明设备打开后，可以把水下机器人的周围照亮，摄像机可以拍摄周围景物，通过电缆发回到母船上，由显示器显示。操纵人员根据显示器上的图像，通过电缆发出命令，指挥机器人在水下作业。

遥控式水下机器人主要用于海上救援、海下搜索、海底考察和开发等。

78 揭开冰海沉船之谜

——水下机器人阿戈和贾森

1912 年 4 月 14 日，被誉为"海上王宫"的"泰坦尼克"号巨型豪华客轮，从英格兰向纽约做首次航行。夜里 11 点 40 分，瞭望员突然发现前方有一片冰山，并且很快就越来越近，他猛拉警报铃。"泰坦尼克"号企图躲开冰山，但为时已晚，冰山撞了上来。"泰坦尼克"号开始向 4000 米深的大西洋底下沉。它发出了求救电报，只有客轮"喀尔巴仟山"号收到了。船长立即命令以最大速度前进，当赶到时，"泰坦尼克"号早已沉没了。这艘巨轮载有 2200 多名乘客，却只有能乘坐 1180 人的救生船，沉船遇难的乘客达 1000 多人。

几十年来，探险家一批又一批去出事地点寻找"泰坦尼克"号，1985 年 8 月 31 日，终于发现了它沉没的地方。但是，潜水员无法下潜到几千米深的海底，只好请水下机器人来帮忙。它们是"阿尔文"号载人潜水器、小型无人遥控潜水器阿戈和贾森。阿戈和贾森都只有 54 厘米的电视机那么大，身上都有电视摄像机，能转动 170°拍摄景物；还有一条电缆，与载人潜水器"阿尔文"相连。"阿尔文"通过电缆控制阿戈和贾森前进、后退、上升和下降。"阿尔文"、阿戈和贾森都是由美国设计和制造的。

水下机器人阿戈和贾森在 3000 多米的深处，发现了"泰坦尼克"号残骸，一段是船头，长约 90 米，已经埋进泥土里；另一段是船身，长约 60 米。这两段之间相隔有 650 米。

"阿尔文"号潜水器里的操纵人员，通过电缆发出命令，指挥阿戈和贾森登上了甲板，进入了客舱。它们用摄像机拍下景物，又通过电缆传送到"阿尔文"号中的电视屏幕上。

阿戈和贾森拍摄了许多珍贵的图像和照片，有人头骨，有女外衣，有折断的舷梯，有天花板上的吊灯……大约拍摄了 57000 幅画面，可供电视节目播放 50 多个小时。这些图像在电视台播出后，引起了人们强烈的兴趣和反应，人们看到了"泰坦尼克"号豪华客轮的真相。

用水下机器人进行深海探险考察是非常合适的。据统计，世界上有数十万艘沉船葬身海底，有的还载有大量的珍宝、黄金和文物，估计价

"泰坦尼克"号和它沉没的骸骨

值约几十亿美元。打捞和考察沉船不但可以获得财宝，而且是有意义的科学考察。在浩瀚无边几千米深的大海中，水下机器人大有用武之地。

79　永不疲倦的监狱巡逻兵

——机器人看守丹尼

美国一家机器人公司和卡内基·梅隆大学共同研制出一台机器人看守，它叫丹尼。丹尼一点也不像人，倒像一个大水桶，高不足 1.3 米，腰围却有 2.2 米，体重 182 千克，每小时可走 1.6 千米。

丹尼身上有电脑、电视摄像机、红外线传感器等。红外线是一种看不见的光波，是由像火、人体、烟头等热源发出来的。能感觉和收到这种红外线的仪器叫红外线传感器。丹尼身上有了红外线传感器，无论是在白天还是在夜间，只要有人甚至是烟头出现在附近，丹尼都会感觉出来，并立即用电视摄像机拍摄下来，把图像传送到控制中心的电视屏幕上。于是监督人员就知道有情况了。

丹尼是靠轮子行走的。为了让丹尼知道自己的位置，在它巡逻路线的特殊点上，安有红外线灯和方位检测器（能测定物体方向的仪器）。当丹尼走到红外线灯处，丹尼身体内的红外线传感器就接受到了红外线，然后丹尼向这一处的装置发一个信号，这个地方的装置就能够把丹尼的距离与方位信息告诉给丹尼。丹尼每收到一次信息，就与电脑内部记忆的行走线路核对，电脑根据这些信息就可校正丹尼的行走，控制丹尼按正确的路线巡逻。

丹尼身上有一个防碰撞的传感器（叫接近传感器），只要它与某个物体太接近了，这个仪器就会产生信号，使丹尼停下来。丹尼还能知道

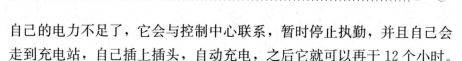

自己的电力不足了，它会与控制中心联系，暂时停止执勤，并且自己会走到充电站，自己插上插头，自动充电，之后它就可以再干12个小时。

在20世纪80年代中期，丹尼可以说是行走机器人中的"代表人物"。由丹尼可知当时的机器人水平。

80 不怕核辐射

——核工业机器人

1979年，美国三里岛核电站发生了核污染事故，于是，政府与美国贝奇特尔公司签订了清理核污染的合同。当时预计整个清理工作需要数年时间，耗资将达10亿美元，仅清理2号反应堆就要用21600人次轮流作业。

但是，这次清理工作采用了卡内基·梅隆大学研制的核工业机器人。这种机器人有轮子，能跨越0.1米高的物体，可爬行35°～45°的斜坡。它的前面有摄像机，可以看到前面的东西，后面有卷筒和传送带，也有照相机，是用来观察传送带的。机器人由两名操作人员远距离操纵控制，也就是人在安全地方，根据摄像机和照相机提供的前后景像，发出指示命令，进行遥控。用这种机器人清理反应堆，不但节约了很多时间，而且节省了大量经费。更重要的是，让机器人在具有核辐射的地方工作，是最适合不过的。用它代替人操作，可以避免人直接接触放射性物质，避免受到核辐射的伤害，保护人的健康和安全。

最近几年，核工业机器人有了更大的发展。世界上有核反应堆、核电站的国家，都研制了不同种类的核工业机器人；而且，机器人的技术水平有了较大的提高。比如已研制出可以爬入核电站内部和反应堆的连接管道内进行维修的机器人，可以用4条腿走路、能识别环境、能钻进狭窄的空间中进行维修的机器人，等等。

核工业机器人的应用范围很广，主要有：在核电站实现远距离操作，在核电站中进行设备装配，在核电站中进行检查维修，用于处理核事故，处理退役的核设备，等等。

81 合格的饲养员

——畜牧机器人

20世纪80年代中期。一天，苏联机器人专家、兽医、畜牧员，还有记者共同对机器人MAP－1进行实验。

MAP－1是由苏联莫斯科戈里亚奇金农业生产工程学院制造的第一代畜牧机器人。

这个畜牧机器人身高1.85米，体重却有730千克，因为它身子、胳膊、腿都是钢和铁制成的。它的力气大得很，一只手就可拿起100千克重的东西。它的手臂长1.25米，并且很灵活，因为有8个自由度，也就是独立运动的数目是8个，它铁胳膊的调节准确度是0.1毫米，可以说真准呀。它动作不但准确，而且很平稳，没颤抖现象。它虽然用轮子走路，但是走得很快，每小时能走12千米，比人快多了。

MAP－1是有感觉功能的机器人。它用一架彩色电视摄像机做眼睛，不但能向前看，而且能向后看。它有触觉，在手臂和手上有很多个触觉传感器，可以随时记录温度、湿度、控制力的大小。它有很灵敏的耳朵，是一个能够旋转的接收器。它身上装有计算机，计算机根据"眼睛"、"耳朵"和"触觉"得到的信息，与原来编制的程序相比较，发现错误和偏差时，会自动纠正过来。如果在工作中，电源快用完了，它能自动地到电网上去充电。

这一天，对MAP－1的考试题目是：安全地将一群小猪转移到另一个圈栏中，然后消毒清扫空出的猪圈。

当控制台上电钮一按，MAP－1就"神态自若"地走进猪栏内，用它的摄像机眼睛环视四周，并且很有经验地伸出铁手去抚摸小猪的头，

农业机器人

还给小猪洗身子。小猪很快地安静下来了，对这个铁家伙不害怕了，有的还跟在它的后面。

MAP－1与小猪熟了起来，这时它发出命令，把小猪赶到另外一个圈栏中去了。

接着它很稳健地走到放水桶的屋角，一只手用橡皮手指抓住水桶的边缘，另一只手伸到桶底取抹布去擦拭墙壁，用消毒水对猪圈进行消毒。

这次实验得到人们的好评。

MAP－1能够完成饲养员的所有工作：代替饲养员分发饲料喂牲口、检查牲畜的健康状况，为病畜喂药，为母猪接生，监视养畜场的温度和空气湿度，清洗畜舍、进行消毒，给牲畜过秤、打标号等。别看要求机器人干的活有这么多，其实，只要用3个MAP－1就能看管一个大型畜牧综合体。

MAP－1不但可以养牲畜，而且还会干一些农活，比如移植秧苗、采摘山果蔬菜等。不过，指望MAP－1机器人会干所有的农活，那还是将来的事。

82   在博览会上留下倩影

——画像机器人

1985年，日本筑波国际科技博览会的日本松下展览厅里，有两台引人注目的机器人正在为人画像。它们身上涂着红色的油漆，头上斜戴着红色的小帽。当观众要求它给画像时，它就说："欢迎您，请坐下。"接着又说："不要动，请注意看镜头。"这时放在对面的电视屏幕上立即显示出这位被画像的人面部的彩色图像。这是机器人的眼睛——电视摄像机拍摄下来的。一会儿，屏幕上出现了这人面部图像的线条。这时机器人沉默着，观察了一会儿，好像是在打腹稿，接着它说："已经决定怎么画了，现在就开始画了。"机器人手握一支笔，不到3分钟，就把像画好了，签上"松下"之后，用手把画从墙上取下来递给观众，并说："和您一模一样吧！"当观众拍手表示赞赏时，它会说："谢谢，再见！"

机器人是怎么画像的呢？

原来机器人有灵活的手臂和手腕，还有摄像机、计算机以及一些其他装置。画像时，机器人用电视摄像机拍下人的面部图像后，由计算机计算出这个人相貌的各个线条的起始点、终止点以及线条的粗细、位置的数据。计算机根据这些数据，控制机器人手中的笔，前后、左右、上下运动，于是就画出了头像的线条和面部五官，给请机器人画像的游客留下惟妙惟肖的倩影。

当时会画肖像的机器人还有几种，不过性能都差不多。后来画像机器人的水平又有了很大的提高。因为机器人的计算机有了很大的发展，机器人的上肢动作更灵敏、更准确了。更主要的是，机器人的视觉系统所用的机器视觉技术有了很大的发展，机器人分析、判断、决策的能力提高了，也就是说机器人的智能提高了。

83 冒充的艺术家

——表演机器人

先让我们来欣赏机器人惟妙惟肖的表演吧。

20世纪90年代初，美国制造了一个世界上最大的机器人，叫"恐龙二世"，身高14米，重25吨，是个庞然大物。它是一个名副其实的表演家，能把巨型货车吞入口内，也能从口内喷出熊熊大火，它会唱歌跳舞以及在水里做一些滑稽表演，使得观众捧腹大笑。

比这晚几年，美国一个研究室又发明了一种"生物力学巨兽"，是一种自主型机器人。当人下命令让机器人相互"开火"时，其结果是无法预料的，因为它们可以自己决定自己的行动。在一次表演中，一台机器人用身上喷射器向另一台机器人喷去鱼刺、垃圾等脏物，受害者竟大叫起来。

娱乐机器人的种类太多了，仅能进行表演的，就有演唱机器人、舞蹈机器人、演奏机器人（如键盘演奏机器人、弦乐演奏机器人、长笛演奏机器人、萨克斯管和小号演奏机器人）以及其他各种表演机器人。

表演机器人的水平如何？只要看看几年前机器人歌手"帕瓦罗蒂"，就可见其一斑了。20世纪90年代中期，美国依阿华州州立大学研制的这种机器人，身穿黑白相间的大礼服，手里拿着白手绢，在舞台上放声歌唱，唱得清脆圆润，观众听得目瞪口呆，有的音乐家说："这不就是'高音C之王'帕瓦罗蒂在歌唱吗？"帕瓦罗蒂是一位著名的歌唱家，而这位机器人歌手不但唱得极似帕瓦罗蒂本人，它还能回答观众提出的问题，回答得诙谐幽默，妙语连珠，其声音语调、遣词造句与真的帕瓦罗蒂也毫无差别。它为崇拜者签名留念，其字迹与真帕瓦罗蒂的笔迹完全相同。

表演机器人是如何工作的？可以说各个机器人都是各不相同的。机器人帕瓦罗蒂是一名能听、会说、会唱的智能机器人。有的机器人则比较简单些。

例如，国外有一种滑水表演机器人，它的长、宽均为380毫米，高为300毫米，像一只甲虫。它的四只脚脚尖上各放一个与水面平行放置的小螺旋桨。由螺旋桨转动产生浮力，使机器人立于水面上。由计算机（单片机）产生信号，控制驱动装置，驱使各个脚的螺旋桨旋转，因而使机器人做出不同动作：当前面两只脚上螺旋桨的旋转速度与后面两只脚螺旋桨旋转速度不同时，机器人就会在水面上前进或后退；当左边两只脚螺旋桨与右边两只脚螺旋桨旋转速度不同时，机器人就会向左或向右运动；如果四只螺旋桨的旋转速度都不同时，它便会产生旋转运动。

日本耍米袋机器人就比这类机器人复杂多了。在米袋中装上三分之二的米，机器人能把米袋抛向空中再接住，进行游戏。原来在机器人的手臂末端装有漏斗形接收盘。用一台摄像机测定米袋在空中运动轨迹的变化，再由计算机进行计算，算出应在哪一点接住米袋，再发出信号，控制电动机驱动手臂上下运动，由接收盘接住米袋，之后再把米袋抛出去。

还有各式各样的机器人，都可以进行表演。

84 仓库里只有三个机器人

——自动化仓库

在仓库里工作，要搬沉重的货物，要在纵横交错、高低不一的货架上放货、取货，要办理项目繁多的进出库手续和账目管理，真是费时费力。不过用机器人管理，就大不一样了。

一天，芬兰赛马湖畔的几个渔民，打鱼急需两张渔网，但又没时间去买，就打了个长途电话给汉基亚的渔业协会，渔业协会又打电话给汉基亚仓库。汉基亚仓库是由三个机器人管理的。一名机器人是负责进库出库的"管库机器人"，另两名是负责取货、放货、送货的"库工机器人"。管理仓库的机器人接到电话，知道有人需要两张尼龙网后，立即由计算机查明库里是否有货，存放尼龙网的货位，然后发出命令由库工机器人去取货。库工机器人移到货位面前，身体（升降机）升起来，机械手臂准确地伸到货架里，手爪一抓，就把装有尼龙网的箱子抓了出来，送到仓库门口。管库机器人很快办好了出库手续，交给了已在门口等候的渔业协会的代理人，前后共 15 分钟。当天，两张尼龙渔网就空运到赛马湖畔的渔民手中。

这座汉基亚仓库是一座自动化仓库，别看它只有三名机器人在管理整座仓库，它可是欧洲的十大仓库之一。仓库高 30 米，库内整齐地排列着许多具有一定尺寸、一定格式的高层货架。高层货架之间留有巷道和空间，以便库工机器人可以在库内水平行走和垂直升降。库工机器人是移动式的，它用一辆带轮子的小车水平行走，而它的身体则是可上升下降的升降机。它的手臂以及手爪可以转动或伸缩。

至于管库机器人，它的工作任务要繁杂些，不过外形也并不像人，它是由计算机、摄像机去阅读货箱的标签，用机械手给货箱贴标签，用计算机确定货物的货位。它可以向机器人库工发出命令，指挥机器人库工工作，还可办理进出库手续、结算、开票等。这就是自动化机器人管理仓库的一般工作情况。

自动化仓库能节约人力和土地，降低人的劳动强度，减少商品损耗，操作迅速准确。现代的自动化仓库，在种类和水平上都有很大发展。仓库中的机器人可以做自动计量、包装、防火、灭火、报警、防盗、照明、通风和清洁卫生等一系列工作。

85　工地上来了铁伙伴

——建筑机器人

那是 20 世纪 80 年代末的一天早晨，苏联锻压机器制造科学实验所研制的机器人，一夜工夫就把一幢崭新的建筑矗立了起来。周围的居民早晨起来一看，高耸的墙拔地而起，都称赞机器人瓦工真了不起。

这个机器人瓦工是由机械手以及能够横向、纵向运动的操纵机构组成的。它的外形一点也不像人，但比人更能干，一小时可砌 600 块砖，做两个班可砌 22 立方米的活儿。不过它要两个人来协助工作。一个人观察吊车提升起来的成摞砖块，把碎砖挑出来扔掉，然后由操纵机、推杆、传送带把砖送到机械手面前。机械手抓住砖块，必要时会转个弯、掉个头，把砖放到水泥浆上砌好。另一个人监视灰浆供应情况，监视机械手工作，并用控制装置控制各操纵机构进行工作。

建筑行业劳动强度大，工伤事故率高，用机器人进行建筑施工深受欢迎。到了 20 世纪 90 年代，建筑机器人又有了很大发展。例如澳大利亚南威尔士大学研制出一种"巨型机器人操作机"，是专门从事建筑工作的。它能拿起 1000 千克的重物，手臂伸出去最长为 10 米，有 6 个自由度，它抓取、放东西的误差不超过 2.5 毫米。

日本有一种"地面样板刮平机器人"，干活的质量好，和熟练工人相比毫不逊色，干活速度比工人快一倍。日本最大的建筑公司叫清水公司，这个公司已有切割混凝土的机器人、水泥地板磨平机器人、天花板定位机器人、外壁喷涂机器人、防火材料喷涂机器人等。

英国贝德福德市在前几年出现了一种机器人，叫"罗布格"三号。

它像一只巨型蜘蛛，有8条腿，头部有摄像机和激光扫描器，用计算机进行控制。它表演造房子给人留下了深刻印象：它用自己的吸嘴吸起砖头，放入灰浆盘中，再借助激光导向仪帮助，把砖头放到应放的位置上。这种机器人可沿着大楼的墙面爬行，会越过障碍；它也可以从砖瓦堆中找到所需要的东西；它还可以在危险矿井中进行作业。

机器人在建筑业中可以干很多种工作。比如在高楼的内部装修中安装设备需要画线打孔，由于机器人画线精度高，所以很适用。日本研制的一种用于顶棚安装空调器的画线机器人可以自主移动，能够测定自己在房间的位置，可以按要求画线。它是利用自身定位系统测出自己的位置，由驱动装置驱动轮子运动到目标处，机器人上方的画线装置在顶棚上可画出直线、圆以及写出字母、数字等。由于机器人自身定位系统是由激光测距机、测角仪及计算机组成，所以，定位精度高，这就可以保证所画的圆形位置误差在±5毫米之内。

建筑行业将来自动化、机器人化程度日益提高，所以，建筑机器人的用处肯定将越来越多。

86　机器人也会恼羞成怒

——电子雾

1989年，苏联国际象棋冠军尼古拉·古德柯夫与一个机器人棋手对弈，这个机器人是一台超级计算机，而古德柯夫是具有世界级水平的国际象棋大师。当着几百名棋手的面，古德柯夫连赢了三局。当他俩开始下第四局时，在众目睽睽之下超级计算机的金属棋盘表面突然放出一股强大的电流，将这位大师电死。

事件发生后，警方认为是计算机出了故障，发生了漏电所造成的。但是，经过仔细检查后，发现计算机及电路完好无损，功能正常。于是，有人推断说这台超级计算机在连输三局之后，恼羞成怒，为了转败为胜，发出指令，加大电流把对手杀死了。

苏联的一些计算机专家认为，超级计算机已具有人的思维，在屡败的情况下，难免会产生杀死对手的念头。

美国和日本的计算机专家持不同看法，他们认为，当代的机器人棋手还都是按照人所编制的程序进行弈棋的，即使是超级计算机也不具备人的思维和情感，不可能因为输棋就自行杀人。再说，即使有思维能力，也不会为了赢棋而杀死对手。

后来，经过深入分析，认为实际情况是：由于电子雾的作用，使计算机的内部程序出现了紊乱，它的动作出现失误才产生了强大的电流，杀死了大师。

什么是电子雾呢？

原来有一些设备工作时能产生没有用的电信号或者电磁波，这些电磁波虽然是一些没有用的信号，但却是干扰信号。比如无线电发射时，电子开关通断时，计算机或游戏机键盘被敲击时，都会产生干扰信号。有些干扰信号通过空间辐射或通过电线传播，会对有用的电信号起干扰作用。这些起干扰作用的电信号就叫电子雾。

机器人棋手的电信号就是被电子雾所污染而失灵的。

电子雾可以扰乱电子系统的正常工作，造成危害人身安全的意外事故。1986年日本山梨市一个工厂发生的第一起机器人杀人事件，就是因为机器人上方的吊车的电火花形成了电子雾，使机器人突然启动，轧死了一名工人。1984年，原联邦德国的一架旋风型飞机在慕尼黑附近的一个电台发射机处坠毁，原因也是飞机自动驾驶系统中的计算机受到电子雾干扰，使计算机失灵，造成了飞机失事。

由于电子雾造成的事故危害很大，人们已开始重视对电子雾的预防。

87 以假带真

——机器蜂

蜜蜂能酿蜜，能为植物授粉，是对人类很有益的昆虫，而且很有利用价值。

为了更好地利用它，就要很好地研究它。

1921年，德国人卡尔·冯·弗里奇通过长期艰苦的观察发现：蜜蜂是用表演一种摇摆舞来传递信息的。它们通过跳摇摆舞的次数、舞蹈的距离、动作的程度和方向等，能向同伴们表示所发现蜜源的地点、质量等。

这一发现是非常有意义的，所以弗里奇因此而获得诺贝尔生物学奖。

人们早就幻想，制造一种机器蜂，让它跳蜜蜂特有的摇摆舞，传递信息，以便把蜂群引到需要授粉的果园或农田去。

过去人们制造的机器蜂，都没有成功，而且引起了蜜蜂的攻击。被惹怒的蜂巢里的蜜蜂在机器蜂的身上留下很多的蜂螫。

机器蜂为什么会受到蜂群的攻击呢？1989年，库茨敦大学的威廉·弗·汤和乌拉伯格大学的沃尔夫冈·赫·柯奇纳做了很多实验，发现了蜜蜂能够检测声波，也就是说，蜜蜂是能够听见，并且能分辨出它们扇动翅膀时所发出的声波。

在柯奇纳和汤两人发现的基础上，丹麦生物声学家和德国的昆虫学家联合研究，成功地制造出一只由计算机控制的、能发出声波而且会跳舞的机器蜂。

这只机器蜂是由计算机按程序控制的。当研究人员编出一个程序，表示"在西南方向 1000 米的地方，发现了蜜源"，让机器蜂在蜂群前跳一遍舞蹈，结果，天然蜂群准确地飞到了这个地点。再换一个方向和距离，机器蜂再跳一个舞蹈后，蜂群又飞到新的蜜源地点。就是说，这个机器蜂所跳的舞蹈，蜜蜂是能看懂的。

这种机器蜂比一只中等个头的蜜蜂稍大一点，它固定在一根连杆上，连杆是由计算机控制。机器蜂的翅膀是用不锈钢制造的。它的背部还装有一个极薄的钢片，钢片每秒能振动 280 次，几乎接近于真正的蜜蜂跳舞时翅膀振动的频率。

由计算机发出的指令，不但使钢片振动，而且使机器蜂跳出需要的舞蹈和图案。因为真正的蜜蜂是用太阳做参考确定飞行方向的，所以，计算机每隔 10 分钟还要调节一次机器蜂的方向，保证它和太阳角度变化协调起来。

现在，机器蜂能用舞蹈指引蜂群飞到 1.6 千米以外的地方。不过，米切尔森说："真正的蜜蜂比机器蜂指引的方向信息更精确些，这说明蜜蜂的舞蹈中还有一些因素我们至今尚未发现。"

88　机器小人国

——微型机器人

诺贝尔奖获得者，美国加州理工学院的物理学家理查德·费伊曼想到，应该开发微型机器，所以，在一次公开讲演时，他提出以 1000 美元征求一部体积不超过 1/4100000 立方厘米的电动马达，这大概就是最早提出的微型机器的概念。1/4100000 立方厘米的物体，其体积够微小的了，而且要求它是一种具有动力的机器，可以想见难度之大。然而费伊曼认为，用微型机器可以给生物细胞研究提供一些重要的依据，因而值得提倡开发。

数月之后，有很多研究制造者拿来了只有跳蚤一样大小的电动马达，但它们的大小与费伊曼提出的要求相差尚远。一天，有位叫麦克雷南的工程师带来一个鞋盒大小的箱子。费伊曼想，我要求的是微型机器，现在你的机器却装在一个鞋盒大小的盒子里，这机器还算小吗！他十分不耐烦地打开箱子，出乎意料，箱子里装的是一台显微镜，而微型机器只有在显微镜下面才能看到，它是一个比尘埃还小的电动马达，它能转个不停，是用精密的微细机床加工出来的。费伊曼只好按照自己提出的承诺，拿出所定的 1000 美元奖金。

20 多年以后的 1988 年，才诞生了有现实意义的、有发展前途的微型马达。

那是 1988 年 5 月的一个周末，刚过午夜。美国加州大学的伯克利分校的实验室里，研究生范龙生和谈玉忠把硅片上的微型电动机接上电源，逐渐加大电压，这个比头发丝还细得多的电动机的转子就慢慢地转动起来了。他们用摄像机拍摄下了这个珍贵的实验情景。10 天后，在美国电气和电子工程师学会召开的微细机械讨论会上，他们把微型电动机实验录像放给代表们看，放了一遍又一遍。一位头发灰白的工程师说："这一发明的意义，可与当年莱特兄弟发明飞机相比。"人们对这个微型电动机实验的成功，给予了很高的评价，因为这种微型电动机具有实用意义和发展前途，而且它的加工方法和半导体电路的加工方法相似，工艺简单，成本低，是很容易制作的。这样制出的微型电动机，10个电动机的成本才合 1 美分，而且体积很小，1 万台放到一起才有豌豆粒大小。用这种加工方法，可以制造出微型机器人所需要的计算机、传感器、电动机等。这样微型机器人肯定会发展起来。

1992 年，日本东芝电气公司研制出一台六足微型机器人，身长只有 1.5 厘米，宽 1 厘米，重 1 克。1990 年春季，在日本东京工业大学举

办了"微型机器人登山赛",参加比赛的微型机器人体积限定在1立方厘米之内。这次微型机器人登山是攀登直径为0.55米、高为3米的锥形铝制塔。参加比赛的17台微型机器人只有5台最后达到了塔顶,说明微型机器人的技术还需要改进和提高。

制造微型机器人的一个重要目的是应用在人体医学中。将来,可以把微型机器人送到人的器官内,检查出癌细胞后,把它杀死;把微型机器人送到人的主动脉里,刮去血管壁上的脂肪,防止血管堵塞;用微型机器人可以给人做视网膜开刀手术。微型机器人可以给人的家庭打更放哨,进入到很窄小的地方进行除尘、消灭蟑螂,或检查电线并加以修补;可以用来挑出废矿砂中的金粒,"吃"掉附在船只下的苔藓或贝类……微型机器人将来可以说是无孔不入,无处不在,用途无限,发展无限。

中国在"863"计划中对微型机器人也非常重视,并已研究出在显微镜下才能看得见的微型机器人。

89 机械蟑螂

——蚁型机器人

在美国麻省理工学院的实验室里有一群小东西,它们能迅速地掠过地板,跑到一张椅子下面。当把灯打开,有了光亮或者有点响声时,它们就会匆匆忙忙地向黑暗的地方跑去,而且是跑到离得最近的黑暗的地方。若是把灯关掉,它们听到没有声音时,又会从这些地方钻出来。这些小东西和蟑螂的习惯十分相近,不过它们不是真正的蟑螂,而是机械蟑螂。

这些机械蟑螂是一种很小很小的蚁型机器人。它们不会思考，只能按照人编制的程序动作，对刺激作出反应。

研制这些机器人的科学家是麻省理工学院的教授罗得尼·布鲁克斯。布鲁克斯在学生帮助下制造出一批小型机器人。其中一个有6条腿的机器人，它的眼睛是红外线装置，可以发现来人，并向人爬过来。它能用触须探测道路上的障碍，用腿上的传感器"触摸"障碍物，从上面爬过去。

布鲁克斯与一般机器人专家的想法不同。很多机器人专家认为，机器人越发展，就应越像人。布鲁克斯不赞成让机器人去模仿人和像人。很多机器人专家想叫机器人的智能像人脑那样聪明，想叫机器人的眼睛像人的眼睛那样敏锐，想叫机器人的胳膊和腿能像人的四肢那样灵活。布鲁克斯认为上面的想法都不对，因为想要制造这样高级的机器人，要花很多的时间和人力，成本高；而且机器人越复杂，反应也就越慢。他认为，模仿低级昆虫的机器人容易制造，结构简单，反应快，而且成本低。可以用很多个这种简单的机器人去干一件事，他认为这种机器人将来会有发展前途的。

蚁型机器人，还包括像跳蚤、蟑螂、苍蝇等一类的机器人，将来能完成很多工作，如在窄小地方检测产品、维修设备；杀死田间害虫，开启灌溉阀门；进行侦察，指示敌人的目标以摧毁敌人的设施；进行诊断，完成人体内手术；进行星球考察勘测，向空间探测站发送信息，等等。

90 走进煤气管道的提修斯

——鼠型机器人

古代希腊神话中，雅典王子提修斯勇敢而又机智地走进克里特迷宫，铲除了妖怪。现在，现实生活中也出现了走迷宫的英雄，不过它们是由人制造的机器人。

1950年，为了研究机器人到底有多大本领，控制水平如何，美国科学家仙农制造了机器老鼠提修斯。它借助地板上的许多磁铁和电路，以最短的路线走出了迷宫。

到了20世纪90年代初，人类又制出了一种机器人，让它去走煤气管道网这种迷宫，检查煤气管道是否漏气。现代化的城市里，街道和建筑物下面有着纵横交错的煤气管道，煤气若有泄漏，随时有爆炸的危险。但是管道不仅像迷宫一样，而且又很细，人是走不进去的，所以，检查很困难。

美国芝加哥煤气公司及煤气研究所研制出了能走进煤气管道的机器人，取名叫提修斯。它的成本很高，研究它花了几百万美元。但是它的本领也很大，可以在直径10.2～15.2厘米的管道内爬行，能穿过弯道，通过T形接头，可以拐90°的弯，可以垂直向上爬，甚至在管内掉头返回。

机器人提修斯有两个臂，不过这两个臂的结构有些特殊，它们不是分别安装在肩的两端，而是在两臂的中间相联，每只臂的两端都有小轮，可用来前进和后退。它的身上前后都有微型摄像机、发光二极管和特殊传感器。发光二极管发出光线，使摄像机可以拍摄前后的图像。特殊传感器则用来检查管道是不是漏气，是不是有损坏；它还能引导摄像机的镜头对准出毛病的地方，以便进行仔细观察。它身上有一个微型计算机和微型的绞盘，由绞盘放出光缆。光缆是最先进的通信用线，地面上的操作人员通过光缆发号施令，控制机器人行动，也可以检查它是不是"偷懒"不动了。

提修斯体内的计算机是控制轮子和摄像机的，假若光缆断了，计算机会命令提修斯自动返回。提修斯的身上携带有锂电池，可以连续工作15个小时。

日本东芝公司也研制成一种鼠型机器人，长50毫米，外径12毫米，在管道内每秒可移动0.5米，能通达直角、T形管道。它的任务也是用来检查地下各种管道网的。

91 机器人奥运会

——移动机器人

1990年9月，在英国的苏格兰格拉斯哥，由莱德大学主办，举行了别开生面的机器人奥运会，这是第一届国际机器人奥运会。

比赛项目真是五花八门，有爬墙壁，躲避障碍物跑步，标枪掷远，机械手操作技巧，还有两足和多足机器人竞走等。参加运动会的机器人都必须能表演一点"自主动作"，不过不允许人遥控，由机器人自己按照程序，甚至随机应变地控制自己的动作。来自美国、日本、英国、苏联、法国等11个国家的50名机器人选手参加了角逐。

原来计划由一名机器人从希腊巴农饭店把奥林匹克火炬带到运动场上，点燃机器人奥运会圣火。但是，这台机器人的小车电路出了故障，只好改用汽车把它送到运动场。

比赛不仅饶有趣味，而且令人眼界大开。

日本筑波大学制造的机器人"山彦"九号获得了全能表演奖。它在跑道上遇到障碍物时，和一般机器人不同，不需要停顿下来去判断和思考，而是可以立即绕过障碍物，真是技高一筹。因为它身上的识别外界景物的系统、控制指挥系统、驱动系统和机械系统都设计得很好。

机器人沿着垂直墙壁攀登比赛，更是令人叫绝。英国扑次茅斯多种技术公司研制的机器人罗布吉－Ⅲ，它的爬行水平很高，像昆虫一样，身上背着和自己体重差不多的重物，用 4 个爪子，沿着垂直的壁面爬行，又快又稳。它是一个智能机器人，遇到障碍物时会跨过去。可惜，它没有夺得冠军。它的队友齐吉－詹吉夺得了这个项目的冠军，它的攀登技巧和罗伯吉同样高超，不过它更显得精干，因为它的结构更简

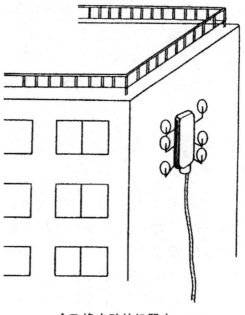

会飞檐走壁的机器人

单。这两个机器人都是检查问题的机器工，它们常常在陡峭的轮船船壁上，或者在高耸云霄的石油钻机外壳上爬行进行检查，检查船壁和钻机外壳是不是有损伤，有没有什么隐患，等等。

美国麻省理工学院选派的选手是一个六腿机器人，到比赛开始时，不知道它为什么拒绝起跑。还有几个机器人，被记者的照相机闪光灯损坏了传感器，只好退出比赛。有一台机器人的电子设备失灵了，买不到替换元件，也只能抱憾退出比赛。

从这次机器人奥运会可以看出，当时的机器人和理想中的机器人相

比，还显得太年轻，还有待进一步发展。

机器人专家对这次机器人奥运会很感兴趣，因为这次比赛给人留下了两点启示：第一，机器人只靠提高计算能力，并不能解决所有问题。采用先进的软件（也就是控制程序以及各种计算程序和算法）与计算能力相配合，可能会更好些。第二，应注重设计新型的带柔性的机器人构件，因为一般的机器人身体太坚硬，灵活性太差。

92　飞行比赛

——空中机器人

1991年7月的一天，在美国亚特兰大市佐治亚理工学院的排球场上，举行了大学生首届空中机器人飞行比赛。参加这次比赛的院校有佐治亚理工学院、得克萨斯大学、加利福尼亚综合技术学院、麻省理工学院和俄亥俄州的代顿大学。

比赛场地很特别：排球场中央有一道1米来高的拦板把场地分成两半。每半边场地的端部放有一个直径为15.2厘米的圆环。

比赛的要求是：飞行机器人从运动场的一端垂直起飞，飞到圆环的上方，从圆环中抓起一个直径为7.6厘米的圆盘，然后，再向前方飞行，飞过中央的拦板，飞到另一端的圆环上方，把手中的圆盘投放到圆环中去，然后，再返回原地……

这次空中机器人飞行比赛，吸引了许多观众，有大学生、技术专家等。

参加这次比赛的飞行机器人，是大学生自己动手研究制造的。机器人身上要有能灵活转动的手臂和能抓取圆盘的手爪，有能够感觉外界物体的传感器，有能使机器人在空中飞行的翅膀，有控制飞行方向和上升、下降的舵和翼。最重要的是，参赛的飞行机器人必须是自主飞行机器人。就是说，机器人的起飞、抓取圆盘、再向前飞行、靠近另一圆环、投掷出圆盘等动作，都是由计算机按预先编制的程序控制完成的，不允许采用遥控的方法。

评判优胜的结果其实就是决定飞行机器人应当有什么样的智能，或者说，飞行机器人应当向什么方向发展。这次评判的优胜条件是：飞行速度，抓取和投掷圆盘的准确性，机器人的飞行水平，机身是否小巧、新颖、安全。

比赛结果，没有一个队能达到最好要求。得克萨斯大学的机器人飞行水平最好，能从场地的一端飞向另一端，可以达到圆环边缘。这可以看出，当时空中飞行机器人的水平还不是很高。后来，比赛隔一段时间进行一次，使飞行机器人水平不断提高。

飞行机器人现在到底发展到什么样子了呢？这可从加拿大研制的实用飞行机器人"哨兵"看出其水平。这种无人飞行器外形是水滴式，所以又称为"落花生"。它可以在数千米范围内活动，主要用于舰船上，由发射—回收台控制，操纵手根据电视图像，利用遥控指令控制它飞行。它重127千克，能带22千克炸药，身高1.6米，飞行高度达2800米，时速129千米，可飞4个小时。美国海军，还有几个国家购买并研究"哨兵"飞行机器人。它受到了世人的重视。

93　铁家伙拿起手术刀

——外科手术机器人

1985年，美国加州萨克拉门的萨特总医院整形外科医生威廉·巴格遇见兽医哈普·保罗，闲聊中两人都想用机器人为一些牧羊犬作髋骨手术。他们找到机器人制造商，说了自己的想法，但遭到冷遇。过了一年，IBM公司进行试验，证明机器人医生做手术是可行的。1986年，保罗用机器人医生在狗身上进行了26次手术。

后来，获得美国有关部门许可，他们用机器人医生，在1993年为10名病人做了外科手术，有的病人甚至是60多岁的老年人。外科医生用机器人做手术，先是用计算机控制断层扫描仪（CT）对病人的髋骨进行扫描，并在显示屏幕上显示出图像，再把这些图像的有关数据送给机器人。机器人根据这些数据，在程序控制下，用手中的手术刀（钻头）很准确地打孔、定位，并置换有毛病的骨骼。

用机器人做外科手术精度高，病人所受的痛苦减小了。

由于机器人做外科手术比人做手术有很大优越性，所以，世界各国大力研究开发外科手术机器人。现在用机器人做外科手术已较为常见。

英国有一家医院开发了出前列腺外科手术机器人，瑞士联邦理工学院工程师和医科大学医生也共同研制出了进行大脑手术的机器人，等等。

我国也于1997年开发出机器人医生，并进行了手术。这是由海军总医院田增民教授和北京航空航天大学机器人研究所所长王田苗共同研制的BH－1型医用机器人。它体重13千克，体积为40厘米×20厘米

×80厘米。医生用这台机器人于1997年5月5日为患者做了脑肿瘤手术：进行消毒、局麻、固定立体定向框架，然后，外科医生将CT图像输入到计算机中，建立起立体图像，确定出病灶"靶点"，由机器人的手将直径2毫米的"穿刺针"准确地插到"靶点"，机器人的机械手通过"穿刺针"吸出脑瘤中的肿瘤囊液，并将治疗用药物注入脑瘤内。机器人进行手术用了45分钟，获得成功。5月12日，患者伤口愈合出院。

机器人为人做手术，很有发展前途，特别是微型机器人手爪。比如，美国劳伦斯·利费莫尔国家实验室研究人员开发出一种极小的外科手术手爪，只有沙粒大小（长1000微米，宽200微米，厚300微米）。利用这种微小手爪治疗大脑动脉瘤，可以避免中风。动脉瘤的血管壁很

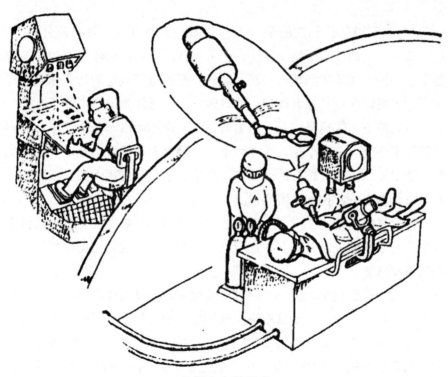

机器人在做手术

薄，容易发生由血压引起的破裂，患者可能因出血而中风。用机器人做手术，让微型手爪进行手术治疗，可以到达那些狭窄、弯曲的脑部深处的血管（过去很难到达这样的地方），治疗不仅安全，而且速度快。

微型手术机器人大有发展前途。

94 不怕死的乘员

——汽车试验用机器人

20世纪90年代初期的某一天，在美国缅因州的一条高速公路上，最快车道飞快地驶过一辆小汽车，快似飞弹流星，很快超过巡逻车。巡逻车上的警察用雷达测量仪一测，这辆小车超过了规定的行车速度。巡逻车驶上最快车道，加大油门，警灯闪烁，一路风驰电掣，费了九牛二虎之力，追上了这辆车，并发出警告信号，但那辆汽车仍不停车，警察只好开了两枪，击中车轮，车才停下来。警察上前一看，原来开车的竟是一个机器人。它对警察的问话毫无反应，警察只好用大汽车把这辆小汽车及机器人一起拉回了警察局。

像这样的事情，在世界上并不多见。但是，世界上确实出现过许多汽车公司用机器人驾驶汽车，进行汽车试验。也有的公司用模拟机器人进行撞车试验。

过去，进行汽车试验，采用自动系统实现自动驾驶汽车的方法，但汽车表现出动作滞后，不易取得正确结果；用人驾车进行试验，又有一定的危险性。于是有的公司就研究开发驾驶汽车的机器人。日本小野测器公司开发的机器人叫 TC－600，它是能在瞬间校正速度和驾驶方式的自动化系统，它能一边再现人驾车时的操纵特性，一边能自动进行正确检测。它是具有学习功能的智能机器人，能在恶劣条件下进行汽车试验。它的驾车性能接近于人，并能驾驶很多种汽车。每台机器人售价至少1500万日元。

美国一家公司研制了一种驾车机器人，它专门适用于进行汽车排放测试，并且精度很高，不比人差。用人驾驶汽车进行排放测试，司机实在太累。用机器人代替人，可减轻人的劳苦。

我国南京汽车研究所和东南大学联合研制的汽车驾驶机器人，可以熟练地自动完成启动、踩油门、踩离合器、踩刹车、变位换挡等动作，不但能按一定时间间隔反复进行操作，而且准确可靠。用它进行汽车试验，不但可以减轻驾驶人员的劳动强度，而且可以避免人工误差。

还有，世界各大汽车公司在进行汽车碰撞试验中采用机器人。碰撞模拟机器人在20世纪60年代就出现了，现在又开发出新型的碰撞模拟机器人。这种用于汽车碰撞试验的机器人有很多类型，如有孕妇，有6个月大的婴儿，有1岁大的小孩，有18个月大的小孩……它们不仅外形与真人相似，而且构造上也尽量做得与人接近。比如，头盖骨用3块焊接件，外面再装上乙烯树脂的皮肤。它的胸腔内装有4种不同类型的传感器，用来检测汽车碰撞时车内乘员的体内受力、加速度冲击及胸变形等情况。用这些碰撞模拟机器人，可以进行各种碰撞试验，测试汽车上安全保护系统的性能和效果。一套碰撞模拟机器人成本为6万至10万美元。

95 机器人相扑赛

——自主型机器人

你从电视中看过日本的相扑比赛吧。相扑选手体重一二百千克，个个腰粗体胖。

有趣的是，20世纪90年代初期，在日本东京举行了一次别开生面的相扑大赛。参赛的77名选手却个个小巧玲珑。选手进入比赛之前，要进行特别的体格检查：用秤称体重，不超过规定体重3千克才算合格，还要用一个每边只有200毫米的方框套下去，也就是说它的身材还必须纤巧，这样的体形才算合乎标准。

原来这是一次机器人相扑比赛，它分为遥控型机器人和自主型机器人两个组。每场比赛规定3分钟，3局定输赢。

这是由富士软件公司主办的第一届日本机器人相扑大赛，奖金总额为600万日元。制作机器人来参加比赛的有学生、教师、职工等。

让我们来看看自主型机器人的冠军争夺赛吧。进入冠军赛的一方是一个叫黑魔的机器人。

裁判一发命令，黑魔立即接通电路，用脚下的轮子"啵啵"地前进。对手开始是缩头缩脑地慢慢移动，好像是要试探一下周围的环境。这时，黑魔已经用飞快的速度冲了过来。对手感到黑魔冲向自己的力量太大了，就来一个躲闪，想让黑魔冲出赛台。黑魔没有上当，趁这机会绕到对手旁边，以快速猛烈的冲撞进攻对手。对手也顽强反抗，力图稳住脚跟。可是黑魔不给对手喘息的机会，向对手进行猛烈的攻击……最后在一片掌声中，黑魔夺取了自主型机器人相扑冠军。

　　黑魔的制造者叫小原毓秀，是德岛县一个装修店的经营者，他的机器人黑魔，是一种自主型智能机器人。它身子下面装有光传感器，能测出自己所在的位置，以保证不走出比赛圈子；身子前面装有超声波传感器，能感觉出对手在什么地方，距离自己有多远；身上装有超级微型计算机，能根据传感器的信号，计算出自己应当如何动作，怎样向对手进攻；能控制进攻的力量和速度，保证进攻猛烈，既不会扑空，又不至于扑出圈外。

　　黑魔的自主型智能，全部是由它所装置的计算机根据原来已存入的相扑规则和很多相扑比赛的资料，在比赛时根据对手情况，自主进行分析和判断，自主作出相应的决策，不需要人给它指令，计算机自己就发出指令控制驱动器，使机器人灵活地前进、后退和转弯。

　　黑魔这次获胜后，小原谦虚地说，这次黑魔外壳上的超声波传感器还未派上用场，它只不过是用躯体左冲右突，不断向可能存在对手的地方猛攻而已。小原的意思是说，黑魔的智力还可进一步提高。

96　机器人制造机器人

——无人工厂

　　人们早就幻想由机器自己去工作，把人从繁重的体力劳动中解脱出来，去从事更有意思的工作。20世纪80年代初，在日本已经出现了这样的工厂——日本富士通公司无人工厂。

　　富士通公司无人工厂坐落在富士山附近的一片松林中，有许多黄色的厂房。厂房内，几乎见不到人，只见很多多功能数控机床自己在不停地加工，运输小车自己在车间里来回运送原料和工件，由机器人进行装

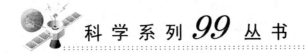

卸。全厂只有不到 100 名工人，白班有约 20 名工人在加工车间，六七十名工人在装配车间。他们主要照看一下机床、机器人、运输车等自动正常进行工作并将制造出的零部件装配成成品。

夜班也是由机器人在管理。机器人坐在中央控制室内监视所有的工作情况。一到夜晚，蓝色信号灯在这个工厂内闪烁，而自动机床和操作机器的机器人仍在不停地工作，因为机器人不需要休息。运输车在昏暗中像怪物似的自动运输。在这个面积为 16000 万平方米的加工工厂内，实现了加工车间夜班无人化的目标。

这家无人工厂每月可生产机械手 50 台，线切割机床 100 台，数控机床 100 台，生产效率很高，比一般生产高数倍。这个无人工厂在 20 世纪 80 年代建立时，投资了 3000 多万美元。

世界上已有不少无人工厂了。无人工厂又叫自动化工厂，一般由机器人、无人运输车、自动化仓库、多功能数控机床、计算机控制中心等组成。在完全自动化的工厂里，从原料入厂、零部件加工、装配成品、质量检查直到成品入库，都是自动完成的。

有的自动化工厂内还有计算机辅助设计系统，它是帮助人设计产品的。比如，用计算机帮助人（有的是完全自动的）设计机器人，设计机器人的"关节"有多少个，"胳膊"多长多粗，"肌肉"（驱动装置）的配置和大小，以及设计整体结构……这样看来，由机器人设计制造机器人的愿望，不是科学幻想了。

97 太空考察

——火星漫游机器人

在人类还没有飞出地球之前，人们在观测火星时发现，它的表面色彩一年变化一次。于是人们就猜想火星也可能和地球一样，上面可能有季节变化，可能有高级生物。许多科幻小说家还写出不少关于火星人来到地球上或在太空中的故事。

虽然苏联和美国在20世纪60～70年代已发射过飞船，派机器人去过火星，发现上面并没有高级生物，但是为了了解更多的星球，美国国家航空航天局推出了行星漫游计划，其中就有于20世纪末21世纪初发射能登上火星漫游的机器人。科学家认为，在火星表面上采用微型漫游机器人能更好地探测火星环境。

机器人Rocky－4就是由美国喷气推进实验室开发的第一个微型漫游机器人。它身长61厘米，宽38厘米，高36厘米，一共有6个轮子，轮子上包有薄钢带和履带，以增加附着力防止打滑。它身上带有接近传感器，能防止和石头相撞；带有能检测是否倾斜的传感器，防止它打滚；还带有许多检测火星表面的仪器。

1992年6月，在美国喷气推进实验室进行了Rocky－4地面演示实验：Rocky－4机器人在离着陆地点5～10厘米内，把身上所带的地震仪放置于地面上；它在有石头分布的野外地面上靠导航行走；用身上的软沙勺采集土样，将风化的石头用錾子削去一小层，并将所带的光谱仪组装起来，操纵光谱仪检测矿物质的成分；还用所带的摄像机拍摄图像。

微型火星漫游机器人 Rocky－4

科学家研制好几种火星漫游机器人，为的是有一天让它们到火星上一显身手。1996年12月发射的"探路者"号飞船，于1997年7月4日在火星上着陆成功。这次，以"火星漫游者"命名的火星车（也叫"索杰纳"火星车）乘"探路者"号飞船到达火星后，缓缓地滑下从飞船船体铺向火星表面的舷梯，稳稳地踏上火星表面进行工作。它是由美国喷气推进实验室研制的一种微型自主式机器人车辆，人也可以从地球表面发射信号对它进行遥控。它的重量不到10.5千克，长630毫米，宽480毫米，高305毫米，有6个轮子，可以在复杂的地形中行驶，它行驶的最大速度是每秒0.4米，可以行走100米，"索杰纳"火星车在火星上考察了7天。

按美国国家航空航天局的计划，在1996年以后的10年内，将向火星发射10次飞船，对火星进行探测，当然这缺少不了进行考察的主角——火星探测机器人。喷气推进实验室正在研究试验 Rocky－7 火星漫游机器人（"索杰纳"火星车就是它的一种简化型号）。这种火星漫游机器人，遥控行驶达到5千米。将来它登上火星后，估计可以工作1年，到那时，就可更深入地考察火星表面及地下是否曾有过生命，考察火星是否有水存在，火星气候以及可用资源，等等。

98 机器会有感情吗

——机器人的进化

很长时间，多数人认为机器人只是人类制造的高级自动化机器，它不是生物，不会自行繁衍，不会有感情……将来的机器人会永远如此吗？

20世纪90年代初，美国有人研制出一种会出汗的机器人，叫曼尼，它不仅体形像人，而且可以模仿人体复杂的动作和姿态（如模仿人走路弯腰，蹲起再跑，头向下和向前），有体温，会呼吸，会出汗。当时，还有一种具有"生存能力"的机器人问世，它不但在太热时会出汗，还会自动选择有树阴的道路行走，而不是不管太阳的曝晒，只顾走直线到达目的地。

20世纪90年代中期以后，有的专家想使机器人朝着像人一样，会观看、会做出反应和会做事的机器人社会前进。

日本东京大学原文雄教授研制出面部有表情的机器人：它的眼球后面有微型摄像机，能看见东西，在计算机控制下，机器人能表达愤怒、悲伤、忧虑、惊奇、快乐和憎恨等表情。

日本有人研制成自行"繁殖"的机器人。只要把预先制好的部件放在地上，这种外形像蜈蚣的机器人便会把部件砌到自己身上，使身体增加1倍，然后再分裂成两个完全独立的机器人。这项研究的目的是利用"遗传密码"，自动"繁殖"后代，以适应环境，使机器人自动进化。

日本一位机器人工程师，花了5年时间制造出一台名叫"爱神"一号的"女"机器人，"她"不但有人一样的反应，有喜怒哀乐，而且能履行妻子的"义务"。这位工程师还申请要与"女"机器人结婚呢。

美国一位教授说，外形和性能与人完全相同的，与人类可以共同生活的机器人，不久将会问世，而且会生儿育女，繁殖后代。对这一则报导，世人反应不一，有贬有褒。

有些科学技术专家让机器人学习人的生存本领，模仿人的各种机能。还有人让机器人学习人在社会中相互配合、相互协作、共同生存的本领。

现在已进行过几次机器人足球比赛。有的专家在设计机器人能共同工作、互相学习、互相帮助的功能，并且通过机器人足球赛进行训练。

随着科学技术的发展，机器人的功能与人的差别日益缩小，机器人的能力步步接近人类的能力（有的方面还超过了人）。特别是生物工程的发展，已制造了许多人造器官，并且成功地应用于人体内，为人效力。有人把移植有很多人造器官的人称为"机脏人"。"机脏人"会有更大的发展，它可能使机器人与人的差别更小。说不定会有那么一天，某些人造的东西，会超过人类。当然在很长时间内不会出现这种现象。作为人类的成员，应当考虑人类的利益，限制某些不应该发展的技术，花更多力量去促进人类自身的进化，使人类永远不可战胜。

99 阿西莫夫的劝告

——机器人三定律

最著名的美国科普作家阿西莫夫，早在 1950 年，就在《我，机器人》这本书中，提出了机器人三定律，也有人叫它机器人三原则：

第一，机器人不得伤害人，也不得见人受到伤害而袖手旁观；

第二，机器人应服从人的一切命令，但不得违反第一原则；

第三，机器人应该保护自身的安全，但不得违反第一、第二原则。

阿西莫夫在提出机器人三原则后写了几个很生动的幻想故事。其中有一个故事的梗概是这样的：

小女孩格洛莉和机器人罗比天天在一起玩耍，捉迷藏，讲故事，非常开心，成了离不开的小伙伴。但是他们的邻居不满意机器人，纽约市又颁布了限制机器人的法令，于是机器人罗比出走了。小女孩格洛莉到处寻找罗比，在城市里找呀找，终于在车水马龙的道路旁看见了罗比。格洛莉看见罗比的身影一闪，她就不顾一切地追了过去。突然一台机车轰隆轰隆地对着她开了过来，眼看就要撞到她身上，人们惊呆了。就在这危急的时刻，罗比出现了，它飞快地奔上前去，把格洛莉救了出来。机器人罗比救了它的小主人一命。

阿西莫夫在这本书里还讲了机器人在外星开发中、在市长竞选中发生的有趣故事。阿西莫夫是世界上最杰出的一位科普作家和科幻大作家。他在科幻小说中正确地预言了机器人的时代和机器人的作用。他的著作激发了无数青少年读者的激情，使他们投身于科学事业中去。阿西莫夫的预言令人信服，令人敬重。他为我们提出了机器人应当遵守的规

则，这对我们发展机器人也是有着重要意义的。

　　虽然现在机器人总的智力水平以及某些技能比人还差得多，但是事物总是在发展，若干年以后，机器人水平大大发展之后，特别是类人机器人，以及其他种类机器人大发展之后，机器人真的有可能与人类一比高低，甚至与人类发生更多的瓜葛。现在，克隆的出现以及某些先进的机器人的发展，使我们必须考虑，在不久的将来，人类应当对它们加以约束、限制、利用。为了人类自身利益，必须在一定条件下发展机器人，用它们为人类造福。当然，机器人三定律是否会有效，是否全人类都按它去做，现在很难断言。但我们应以此为鉴，努力促进人类自身的发展；为了人类发展，有些事情必须加以限制和防止。